O DESPERTAR DO UNIVERSO CONSCIENTE

MARCELO GLEISER

O DESPERTAR DO UNIVERSO CONSCIENTE

UM MANIFESTO PARA O FUTURO DA HUMANIDADE

3ª edição

EDITORA RECORD
RIO DE JANEIRO • SÃO PAULO
2024

CIP-BRASIL. CATALOGAÇÃO NA PUBLICAÇÃO
SINDICATO NACIONAL DOS EDITORES DE LIVROS, RJ

G468d   Gleiser, Marcelo
         O despertar do universo consciente : um manifesto para o futuro da humanidade / Marcelo Gleiser. - 3. ed. - Rio de Janeiro : Record, 2024.

         ISBN 978-65-5587-788-5

         1. Cosmologia. 2. História universal. I. Título.

23-87499   CDD: 523.1
                         CDU: 52

Gabriela Faray Ferreira Lopes - Bibliotecária - CRB-7/6643

Copyright © Marcelo Gleiser, 2024

Todos os direitos reservados. Proibida a reprodução, armazenamento ou transmissão de partes deste livro, através de quaisquer meios, sem prévia autorização por escrito.

Texto revisado segundo o Acordo Ortográfico da Língua Portuguesa de 1990.

Direitos exclusivos desta edição reservados pela
EDITORA RECORD LTDA.
Rua Argentina, 171 – Rio de Janeiro, RJ – 20921-380 – Tel.: (21) 2585-2000.

Impresso no Brasil

ISBN 978-65-5587-788-5

Seja um leitor preferencial Record.
Cadastre-se no site www.record.com.br
e receba informações sobre nossos
lançamentos e nossas promoções.

Atendimento e venda direta ao leitor:
sac@record.com.br

SUMÁRIO

Prólogo: A história que contém todas as histórias   11
Breve nota ao leitor   23

PARTE I: MUNDOS IMAGINADOS

1. Copérnico morreu! Vida longa ao copernicanismo!   27

2. Universos imaginários   37

    Dos mitos aos modelos   37
    O primeiro cosmólogo   45
    Amor e Conflito   49
    Os átomos, o vazio e a proliferação de mundos   51
    Cosmologia da libertação   55
    Os estoicos e o multiverso   58
    O que é um campo?   59
    O que é uma teoria unificada de campos?   62
    A "teoria de tudo" é inconsistente com a
        metodologia científica   65
    O copernicanismo e os limites do conhecimento científico   66

O multiverso é o "Deus das Lacunas" da física   75
Mediocridade e a necessidade de uma
   revolução pós-copernicana   80

PARTE II: MUNDOS DESCOBERTOS

3. A dessacralização da natureza   89

Primeira transição: como a Terra perdeu o seu encantamento   89
Segunda transição: de um mundo fechado
   a um universo infinito   97

4. A busca por outros mundos   107

A incrível variedade de mundos   107
Outros mundos, outra vida   112
Lições de Vulcan   115
Lições de Marte   120
Lições de nosso sistema solar: mundos
   fantásticos e misteriosos   125
Como descobrir novos mundos 1: busque por estrelas   131
Como descobrir novos mundos 2: busque por planetas   137
   Técnica 1: planetas fazem as estrelas dançar   138
   Técnica 2: planetas bloqueiam parte da luz de suas estrelas   145

5. Buscando por vida em outros mundos   151

O silêncio mais profundo   152
Viajando até a Lua (e além)   157
Buscando por vida extraterrestre   159

PARTE III: O DESPERTAR DO UNIVERSO

6. O mistério da vida   167

Um enigma persistente   167

Por que é tão difícil decifrar a vida? — 172
Como diferenciar o vivo do não vivo? — 177
A circularidade criativa da vida — 180
A vida é rara ou comum no universo? — 182

7. Lições de um planeta vivo — 191

A vida e o planeta formam um todo inseparável — 191
O universo desperta — 197
A era da física — 199
A era da química — 201
A era da biologia — 202
A era cognitiva — 204

PARTE IV: O UNIVERSO CONSCIENTE

8. Biocentrismo — 209

Um novo imperativo moral — 209

9. Um manifesto para o futuro da humanidade — 217

Epílogo: A ressacralização da natureza — 229

Agradecimentos — 233

Notas — 235

Ao planeta Terra, que nos permite ter
uma história para contar

PRÓLOGO

A história que contém todas as histórias

Nenhuma feitiçaria, nenhuma ação inimiga silenciou o renascimento da vida nesse mundo abalado. As próprias pessoas fizeram isso.

— Rachel Carson

O universo só tem uma história porque estamos aqui para contá-la. Por meio da nossa curiosidade e criatividade, conseguimos reconstruir os principais capítulos da grande saga que começou com o Big Bang, o evento que marcou a origem cósmica 13,8 bilhões de anos atrás. Essa história conta o drama da matéria que, ao longo do tempo, foi se transformando em estruturas cada vez mais complexas espalhadas pela vastidão do espaço, formando átomos, estrelas, galáxias, planetas, vida e, eventualmente, nós, humanos.

A mesma história pode ser contada de várias formas. E como escolhemos contar a história do universo, que contém todas as histórias, faz uma enorme diferença. Dada a situação crítica em que o nosso projeto de civilização se encontra, é chegado o momento de recontarmos a história de quem somos segundo uma nova perspectiva, que celebra a vida em todas as suas manifestações e oferece um novo propósito para a nossa espécie.

Essa é a proposta deste livro, recontar a história da vida na Terra enfatizando sua profunda conexão com a história do universo. Como veremos, a humanidade está à beira de uma grande transformação que vai reorientar o nosso futuro. A questão é em qual direção iremos – o bem comum ou o desespero coletivo? Se queremos o bem comum, precisamos repensar o nosso passado para forjar um futuro que abrace cada um de nós e toda a coletividade da vida com quem dividimos o planeta que nos abriga. A era da mentalidade individualista passou. Escrevo este livro com a certeza de que podemos ser mais do que somos, de que podemos crescer moralmente, de que o futuro do nosso projeto de civilização não é distópico ou utópico, mas será aquele que construiremos juntos, por meio das nossas ações e escolhas.

Quando a vida surgiu na Terra, em torno de 3,5 bilhões de anos atrás, nosso planeta mudou e, com ele, o universo. Vida é matéria com propósito, com uma urgência insaciável de existir. Neste planeta, o único até o momento em que sabemos existir vida, uma espécie diferente de todas as outras surgiu há cerca de 300 mil anos: o *Homo sapiens*. Nós. O que nos diferenciou de nossos ancestrais que andavam eretos foi um córtex frontal mais desenvolvido, que nos capacitou a pensar simbolicamente, aliado a uma destreza manual capaz de transformar materiais brutos em ferramentas e instrumentos úteis. Aprendemos a controlar o fogo; desenvolvemos a capacidade de nos comunicar oralmente usando fonemas complexos; a viver em grupos, forjando relações baseadas em afeto e confiança; a contar histórias que inspiram, educam e ensinam, passando o conhecimento acumulado de geração a geração. A partir das palavras e da arte, podemos registrar nosso passado e imaginar o futuro.

Contudo, é importante também não romantizar demais o passado da nossa espécie. Tal como hoje, tribos lutaram entre si disputando territórios e recursos, infligindo muito sofrimento e desespero. Apesar da violência atrelada à história da nossa espécie – e, aqui sim, diferentemente da cultura moderna –, para nossos ancestrais a conexão com a natureza era sagrada e misteriosa, animada por espíritos. Não havia uma separação entre o natural e o sobrenatural, dado que espíritos coexistiam nos animais, nas árvores e nas montanhas. Durante milênios, culturas indígenas em todo o planeta honraram essa tradição, reverenciando a conexão entre a terra e todas as formas de vida. Sabiamente, essas culturas acreditavam que não estamos acima da natureza, mas sim que somos parte da coletividade da vida, e que nossa existência é frágil, dependente de poderes além do nosso controle. Mesmo na enorme e rica diversidade de crenças e costumes, as culturas indígenas sempre souberam que a vida e o planeta são inseparáveis. Infelizmente, nós, seus descendentes, esquecemos completamente disso.

Nosso sucesso nos transformou. Formando grupos de caçadores-coletores nômades, nos aglomeramos em sociedades agrárias, domando a terra para nos servir. Com as populações crescendo, inventamos métodos cada vez mais eficientes para explorar os recursos naturais necessários para sustentar nosso apetite. Tomamos posse da terra e despachamos os deuses para os céus. A Terra perdeu o seu encantamento e foi dessacralizada e objetificada, povoada por humanos pecadores e bestas selvagens. O que antes era sagrado passou a ser alvo de exploração e de abuso, existindo apenas para suprir nossas necessidades. Com isso, as criaturas com quem dividimos o planeta perderam o direito de existir, e a coletividade da vida foi saqueada.

Servindo em especial aos interesses econômicos, a ciência amplificou exponencialmente o nosso sucesso material. A aplicação das leis da mecânica e da termodinâmica (o estudo do calor) permitiu a extração do ferro e do carvão das entranhas da Terra, forjando o aço e o cimento, alavancando a explosão industrial que deu forma ao mundo moderno. A população mundial cresceu e, com ela, também o consumo de recursos naturais, nos forçando a cavar mais fundo, a extrair com mais eficiência, consumindo o planeta para suprir a energia que alimenta nosso insaciável projeto de civilização. Nos últimos cem anos, a população humana quadruplicou, passando de 2 para 8 bilhões. Os céus ficaram cinzentos, as águas, turvas, o ar foi envenenado, as florestas foram dizimadas e os animais sistematicamente eliminados, a ponto de falarmos hoje de uma Sexta Extinção, que nossa própria espécie vem causando.

Como chegamos até aqui?

Uma mudança profunda de perspectiva sobre o nosso lugar no universo ocorreu em 1543, com a publicação do famoso livro de Nicolau Copérnico, *Sobre as revoluções das esferas celestes*. Copérnico propôs que, ao contrário do que todos pensavam até então, a Terra não era o centro do universo, mas um mero planeta girando em torno do Sol, como Vênus, Marte e todos os outros do nosso sistema solar.[1] Essa mudança de perspectiva foi revolucionária, mesmo que a adoção do "copernicanismo" como visão de mundo tenha ocorrido aos poucos, mais obra dos que seguiram Copérnico – Giordano Bruno, Johannes Kepler, Galileu Galilei, Isaac Newton, René Descartes – do que dele próprio. No decorrer dos séculos, o copernicanismo passou a definir como vemos o nosso planeta: uma rocha orbitando uma estrela comum, um mundo insignificante em meio a trilhões de outros espalhados pela vastidão do espaço. Infelizmente, com o passar do tempo e o sucesso da astronomia, o copernicanismo deixou de ser a descrição correta da posição do nosso planeta no sistema solar para expressar nossa insignificância cósmica. Até a diversidade da vida perdeu a sua magia, ao nos posicionarmos *acima* dos animais, acreditando que nós humanos somos mais deuses do que bichos, os donos da natureza. Essa visão materialista do planeta e da vida triunfou sobre todas as outras, definindo a matéria viva e não viva como mecanismos constituídos de átomos, uma visão amoral que em nada se relaciona com o meio ambiente ou com a coletividade da vida. E mesmo que a ciência, em muitas de suas manifestações, seja uma expressão do nosso maravilhamento com o mundo natural, é a aliança dela com o maquinário do progresso que alimenta o distanciamento entre a nossa espécie e o resto da biosfera. Trágica ironia. Na sua busca por uma descrição material de todas as coisas, a ciência inusitadamente assassinou o espírito que alenta a natureza.

Em meio à era digital, muitos inovadores e pensadores distópicos, inspirados por essa visão de mundo que reduz tudo ao material, aspiram levá-la à sua conclusão lógica (e horrenda), a rejeição final de nossos corpos feitos de células que se modificam e envelhecem – a conexão que temos com a dança de criação e destruição que caracteriza a vida –, e transformar nossa essência em informação pura, armazenada em servidores digitais. Tal transcendência, se fosse realizada, marcaria em sua essência o fim da humanidade como a conhecemos hoje, esvaída em sequências binárias de zeros e uns. (Ou em qubits, se computadores quânticos forem capazes disso.) Mas o que nos importa aqui não é a impossibilidade prática desse feito técnico e a imoralidade desses sonhos transumanos enlouquecidos.² O que importa é a crença de que esse é o destino de nossa espécie; que nos transformar em programas de computador, capazes de emular quem somos, é o caminho da autotranscendência, a liberação da carne. Ou, melhor ainda, a fé cristã na Ressurreição transmuta se na Ressurreição dos nerds. A tecnologia nos dando a vida eterna.

Vejo no exagero transumano o clímax de uma visão de mundo adoentada, que desvaloriza o planeta e toda a vida nele, e que coloca o humano num pedestal acima do resto da natureza. O transumanismo acredita inocentemente que a nossa criatividade tecnológica resolverá todos os nossos problemas, assegurando o futuro da civilização. A fé em Deus é transferida para a fé na ciência. No entanto, as aplicações da ciência não são desinteressadas, como seria, ao menos em princípio, um Deus onipotente e bom. As tecnologias são vendidas, são produtos de mercado que respondem aos interesses dos acionistas e dos consumidores. Fora isso, depositar na ciência a responsabilidade de criar soluções para os abusos da tecnologia é injusto e profundamente perigoso. Essa visão de mundo materialista-digital precisa ser rejeitada, e com urgência. A questão é como podemos mostrar que nossa suposta superioridade não passa de uma pretensão equivocada? Como nos reinventar, transformando a nossa relação com o planeta? Como remover essa sombra que paira sobre a humanidade, criada por nós mesmos e que ameaça o nosso futuro coletivo?

A premissa deste livro é que precisamos nos reinventar como espécie. Minha missão ao escrevê-lo é sugerir como isso é possível sem nos perder em utopias fantasiosas. Precisamos recontar a história de quem somos. Esse é o primeiro passo. Continuar fingindo que nada está acontecendo é inviável. Pior, é uma ilusão suicida. Mas, dito isso, que história nova da humanidade é essa? Qual o seu ponto de partida e por que devemos acreditar nela? Como veremos, a própria ciência, se interpretada de forma diferente da ortodoxia reducionista, inspirada por uma visão de mundo pós-copernicana e informada por outros saberes, pode nos orientar nessa transformação. A nova história de quem somos, que vamos contar aqui, nos conecta com duas outras histórias, ambas de dimensão mítica: a história da vida na Terra e a história do universo. A convergência dessas duas grandes narrativas nos posiciona como personagens essenciais na coletividade da vida, membros de uma biosfera que só existe porque o universo assim permite. A nova história de quem somos demonstra a interconexão entre tudo que existe, o que o mestre budista Thich Nhat Hanh chamou de "interser".

Se, no passar de bilhões de anos desde o Big Bang, o universo tivesse evoluído de forma diferente, ou mesmo apenas a nossa galáxia, ou se um único evento cósmico ou geofísico tivesse afetado a história da vida na Terra, nós não estaríamos aqui para contá-la. Os asteroides e cometas que colidiram com a Terra, assim como tantos outros desastres cataclísmicos que ocorreram no decorrer de bilhões de anos de evolução da vida, forjaram criaturas capazes de sobreviver num ambiente sempre em transformação. Como veremos, a vida que existe num planeta é definida pela história do planeta e vice-versa – a história do planeta depende da vida que nele habita.

A narrativa pós-copernicana que apresento aqui promove a preciosidade da Terra que, como veremos, é uma joia rara em meio a trilhões de outros mundos em nossa galáxia. Nosso planeta é o único que, até onde sabemos, tem uma biosfera exuberante, tomada pela vida nas águas, na terra e no ar. A história da vida na Terra conecta todas as criaturas que existiram e existem, incluindo a nossa espécie, a uma bactéria que viveu há cerca de 3 bilhões de anos: um micróbio, a verdadeira Eva. Essa história examina a inimaginável variedade de mundos na nossa galáxia para concluir que a vida é rara no universo, especialmente a vida multicelular e, mais ainda, seres com uma inteligência e destreza que lhes permite criar tecnologias que exploram os primórdios do tempo em busca de suas origens cósmicas. A nova história de quem somos vai contra a narrativa científica tradicional, que afirma que "quanto mais aprendemos sobre o universo, *menos* relevantes nós somos". Pelo contrário, proponho aqui que "quanto mais aprendemos sobre o universo, *mais* relevantes nós somos". *Nós*, aqui, se refere ao planeta Terra por inteiro, um planeta vivo, morada de uma espécie capaz de reconstruir a própria história.

Quando nossos antepassados começaram a contar histórias sobre as suas origens, histórias que buscam uma razão para a nossa existência, o universo ganhou uma voz única, a voz humana. Mesmo que outras vozes possam existir na vastidão do espaço – e não sabemos se existem ou não –, nunca contarão a história cósmica como nós a contamos. As suas histórias não serão como as nossas. Como veremos, somos os únicos humanos no universo; e a nossa visão cósmica, a narrativa que construímos sobre o universo e sobre o nosso lugar nele, reflete quem somos. Sem a nossa voz, o universo não saberia que existe. Na nossa história, a memória abraça o tempo, e o espaço vira o palco onde a matéria se organiza, das formas mais simples às mais complexas. Na nossa história, átomos se transformam em estrelas e em seres vivos. Na nossa voz, o universo entoa o hino da Criação.

A descoberta de que somos os protagonistas do grande drama cósmico, de nossa profunda conexão com tudo que existe, e de que somos parte e não donos da coletividade da vida neste planeta, tem o potencial de reorientar o destino da nossa espécie. Sem a biosfera, não existiria um "nós". Mas sem a nossa voz a biosfera não saberia que existe, não teria uma história para contar. Chegamos a um ponto de inflexão na nossa história, no qual a narrativa mecanicista que definiu o nosso passado precisa ser substituída por uma narrativa biocêntrica, que celebra nossa profunda conexão espiritual com a terra e com a vida, e redescobre a mágica do planeta que nos permite existir. Nosso projeto de civilização só será viável quando nos identificarmos como membros de uma única tribo, a tribo humana, que engloba todas as outras. Só então poderemos construir um futuro inspirado pela convicção de que juntos podemos ser muito mais do que fomos até aqui.

* * *

Escrevi este livro com a intenção de inspirar uma nova atitude com relação à vida. O planeta está mudando, e bem mais rápido do que esperávamos ou gostaríamos. Há décadas, modelos climáticos vêm nos alertando para o que está por vir. Agora, estamos testemunhando as consequências das nossas escolhas: espécies tropicais migrando para latitudes mais extremas; tempestades, secas e outros distúrbios climáticos cada vez mais intensos; a chamada Sexta Extinção, uma perda acelerada de biodiversidade causada pela nossa invasão desmedida aos hábitats naturais, pela destruição sistemática das florestas, pela poluição dos rios e dos mares, pela caça predatória. A lista é tão longa quanto dolorosa. Considere, por exemplo, o nome proposto para descrever a era geológica em que vivemos, o Antropoceno (de *antropo*, homem em Latim), caracterizada por um planeta alterado irreversivelmente pela nossa presença. Negar os efeitos das mudanças climáticas é como negar que envelhecemos com a passagem do tempo. Apesar disso, este não é mais um livro deprimente e distópico que prevê um futuro catastrófico para a humanidade. Já temos exemplos de sobra no cinema e nas bibliotecas.[3] Precisamos de outra estratégia.

Dado o nível de apatia social e a dificuldade que temos de mudar nossas atitudes, deveria ser claro que a retórica do medo (como a que usei no parágrafo anterior) – ou seja, assustar as pessoas descrevendo um futuro terrível, com a previsão do fim da humanidade – não está dando certo. Essa tática não funciona por pelo menos dois motivos. Primeiro, porque os efeitos das mudanças climáticas são graduais: quando se fala no mundo daqui a duas ou mesmo cinco décadas, ou no aumento da temperatura global até o ano 2100, as pessoas dão de ombros: "Esse problema não é meu. Tenho outros mais imediatos para resolver." Segundo, porque não é fácil correlacionar uma tempestade, uma enchente, um furacão ou uma seca com distúrbios climáticos globais, já que flutuam em intensidade devido à dinâmica complexa do acoplamento entre os oceanos, a umidade, a pressão atmosférica, a poluição etc. "Ah, você fica falando em aquecimento global, mas ontem fez um frio desgraçado aqui na serra."

Mais importante ainda, a tática do medo não funciona porque demanda sacrifícios diversos, desde escolhas individuais – comer menos carne, consumir menos água e energia, reciclar, usar transportes públicos – até o nível empresarial, cobrando um realinhamento entre interesses financeiros e o seu impacto no mundo natural, o que requer um posicionamento ético que repensa a tensão entre crescimento e sustentabilidade. A mudança climática demanda uma reflexão a longo prazo que vai contra os valores de uma sociedade voltada para o momento presente, para o lucro rápido, para o prazer imediato; uma sociedade com valores definidos pela mentalidade do ter para ser.

Dados esses obstáculos, o desafio, portanto, é: como motivar uma mudança tão radical na orientação da sociedade, tendo em vista o desprezo com que tratamos o mundo natural e que – com louvadas exceções – só aumenta no decorrer dos séculos? Como motivar as pessoas a se importar com a natureza uma vez que nos julgamos superiores a ela, tratando-a como um objeto que usamos como queremos para servir aos nossos propósitos? Uma mudança dessa magnitude precisa de outro olhar para o mundo, capaz de reorientar os valores que definem nossa relação com o planeta. Como primeiro passo, precisamos repensar nosso lugar no mundo natural e o impacto que causamos no planeta e na sua biosfera. Para tal, é necessário recontar a história de quem somos e reavaliar o papel da nossa espécie na história cósmica.

Neste livro, proponho uma visão de mundo pós-copernicana, sugerindo um realinhamento da humanidade com o mundo natural. O princípio central dessa nova visão de mundo é o *biocentrismo*, que reconhece a magnitude sagrada de nosso planeta vivo. Como veremos, a visão biocêntrica implica um novo imperativo moral para a humanidade que, se seguido, tem o poder de redefinir nosso futuro coletivo e de assegurar a longevidade do nosso projeto de civilização. Crescimento e sustentabilidade não são incompatíveis. O "Manifesto para o futuro da humanidade" ao final do livro propõe um plano de ação que inclui passos que acredito serem necessários para garantir uma biosfera saudável e dinâmica. Se os passos sugeridos aqui serão ou não suficientes para reorientar nossa desastrosa trajetória atual, isso depende de todos nós, da tribo humana. Mesmo que, individualmente, tenhamos feito pouco para causar essa situação precária, todos sofreremos as suas consequências. A história mostra que, quando apoiamos um propósito com paixão, nos tornamos agentes da transformação que queremos ver acontecer. Foi assim que revoluções ocorreram no passado, e é assim que poderão ocorrer mais uma vez. A diferença é que essa é uma revolução sem soldados, onde a humanidade, como um todo, luta pela mesma causa – a sobrevivência do nosso projeto de civilização e da coletividade da vida da qual somos parte.

BREVE NOTA AO LEITOR

Por vezes, mergulho nos detalhes da ciência de que preciso para desenvolver meus argumentos. Apesar de ter tentado esclarecê-los ao máximo, algumas partes podem parecer meio densas para aqueles sem muito interesse nos detalhes. Se esse for o seu caso, não se preocupe. Pule essas partes e continue a leitura. Os argumentos centrais do livro não dependem da compreensão do efeito Doppler ou do conceito de multiverso na teoria de supercordas. Tentei reservar explicações mais detalhadas para as notas ao fim do livro, também não essenciais para os temas principais.

PARTE I
MUNDOS IMAGINADOS

1

Copérnico morreu! Vida longa ao copernicanismo!

> *No centro de tudo, em repouso, está o Sol.*
> *Afinal, no mais belo dos templos, quem poria*
> *em qualquer outra posição a lâmpada*
> *que a tudo ilumina?*
>
> – Nicolau Copérnico, *Sobre as revoluções das esferas celestes*

Paralisado por um derrame, o velho e solitário astrônomo passava os dias refletindo sobre o universo, deitado em sua cama no alto da torre onde morava. À noite, com grande esforço, erguia a cabeça o suficiente para contemplar o céu noturno que surgia enquadrado pela janela. Seus olhos vagavam pela escuridão como dois planetas, vasculhando as profundezas do espaço. As estrelas eram a sua casa, onde estava mais próximo de Deus. Os astros giravam lentamente até desaparecer, ressurgindo na noite seguinte, pequenos diamantes cintilando no domo celeste. "Como somos inocentes", murmurou Copérnico para si mesmo, "acreditando que o que vemos com nossos olhos é a verdade sobre o mundo."

Todas as manhãs, Copérnico esperava ansiosamente pela visita de seu amigo Tiedemann Giese, um cânone da Igreja como ele. Com os olhos grudados na porta, contava os passos de Giese subindo as escadas ao seu encontro. Às 10 horas em ponto, como fazia todos os dias, o fiel amigo entrou sem bater à porta. "Essas escadas vão acabar comigo", disse esbaforido. Copérnico sorriu como podia, torcendo os lábios para o lado, e gesticulou para que Giese o ajudasse a se sentar na cama. Seu dedo trêmulo apontou para o pacote que Giese trazia. "Ah, meu velho, este é o seu livro. Finalmente ficou pronto! Agora entendi por que você passou trinta anos escrevendo. Pesa mais do que um leitão adulto!"

Era a obra-prima de Copérnico, *Sobre as revoluções das esferas celestes*, que reunia tudo que havia aprendido e descoberto sobre o universo em sua vida, contida entre duas capas. Por fim, o mundo iria descobrir o que pensava sobre a posição equivocada da Igreja. E não se tratava apenas da Igreja católica. Os babilônios, os egípcios, os gregos, os romanos – o mundo inteiro estava errado. E havia mais de 2 mil anos! A única e louvável exceção era o grego Aristarco de Samos. Por volta de 250 a.C., Aristarco havia sugerido que a Terra era apenas mais um planeta girando em torno do Sol como os outros. Ninguém lhe deu ouvidos. O cosmo de Aristóteles, com a Terra no centro, e a Lua, o Sol e os planetas girando à sua volta, era tão simples e parecia tão óbvio que todas as mentes que se ocupavam dessas coisas estavam convictas de que esse era o arranjo celeste. Afinal, que prova existia de que a Terra girava? Certamente, ninguém se sentia tonto! Era como se Aristóteles houvesse hipnotizado todo mundo. Mas Copérnico planejava mudar tudo isso. Até dedicou o seu livro ao papa Paulo III, demonstrando sua convicção de que a astronomia e a Bíblia não precisavam estar em conflito. Deus criou o mundo; disso Copérnico não duvidava. Para ele, a astronomia era uma ponte que aproximava os homens de Deus. Sua ciência era um ato de devoção à obra divina. Mas, para ele, a Bíblia não era um mapa da Criação: seu papel não era descrever os céus de forma precisa e matemática, e sim inspirar os devotos a se unir a Deus no céu. Copérnico via os planetas e as almas como peregrinos; mas suas peregrinações se davam em universos muito diversos.

Cabia a ele, Nicolau Copérnico, revelar ao mundo a verdadeira mensagem das estrelas: que a Terra gira em torno do Sol, tal como Marte, Júpiter e os outros planetas; que a Terra gira em torno de si mesma como um pião, completando uma volta em um dia; que a Lua é o único objeto celeste que gira em torno da Terra; e, finalmente, que todos os planetas giram em torno do Sol em órbitas circulares. Esse arranjo dos planetas segue o tempo que cada um demora para completar sua órbita em torno do Sol: Mercúrio, 3 meses; Vênus, 8 meses; Terra, 1 ano; Marte, 2 anos; Júpiter, 12 anos; e Saturno, o último, 29 anos. O tempo é o segredo da harmonia cósmica, determinando o arranjo planetário. Essa é a verdadeira mensagem das estrelas.

Giese sentou-se ao lado de seu amigo e abriu o pacote cuidadosamente. Logo notou algo de estranho nas páginas iniciais, um novo prefácio sem assinatura que não fazia parte do manuscrito original. Petreius, o editor de Nuremberg que trabalhou no livro, não teria feito isso, pensou. A outra possibilidade, Georg Joachim Rheticus, o único pupilo que Copérnico teve na vida, também não o faria. Rheticus venerava o seu mestre, e jamais ousaria fazer algo sem a sua permissão. Mas então quem?

Giese tentou disfarçar, virando rapidamente a página. Mas o dedo trêmulo de Copérnico, como uma espada em busca de justiça, apontou resolutamente para o livro. Derrotado, Giese pigarreou e ajeitou os óculos.

> Vários relatos sobre as novas hipóteses contidas neste livro já se espalharam dentre aqueles interessados por estes assuntos. Dentre elas, que a Terra se move e é o Sol que se encontra em repouso no centro do universo. Não há dúvida de que essas ideias ofenderam vários acadêmicos, que acreditam que as artes liberais, estabelecidas com bases sólidas há muito tempo, não deveriam ser lançadas em meio a novas confusões...[1]

"Talvez seja melhor pular esta parte", disse Giese, sentido um frio no estômago. "Parece só uma besteirinha para começar. Talvez Rheticus tenha adicionado isso como uma surpresa para você." Mas o dedo continuava apontando para a página. Giese sabia que não havia jeito. "Está bem, está bem, vamos em frente", disse, pulando algumas frases.

> Nessa ciência, existem outros absurdos não menos importantes, que não precisamos abordar no momento. Pois esta arte, como deve ser claro para todos, desconhece a verdadeira causa dos movimentos aparentes não uniformes [dos planetas]. E se alguma explicação para essa causa é proposta, e muitas são, não é para convencer alguém de que é a verdade, mas apenas como base para cálculos precisos [das posições dos planetas].

"'Apenas como base para cálculos precisos das posições dos planetas'? Mas isso é ridículo!", exclamou Giese. "Esse idiota está dizendo que a sua teoria sobre o arranjo dos planetas é uma fantasia!" Giese olhou para o seu amigo, transtornado pelo que leu. Ele e Rheticus passaram anos convencendo Copérnico a escrever esse livro, contra a sua vontade. *Ele tinha razão*, pensou Rheticus, *o mundo não está pronto para esse tipo de conhecimento*.

Aprisionado em sua mente, Copérnico dirigiu seus olhos para a janela aberta. Uma lágrima rolou lentamente de seu olho esquerdo, o único que conseguia ainda abrir por completo. Seu dedo continuava apontando para o livro. Giese sabia que tinha de continuar.

> Portanto, juntamente com as hipóteses antigas, que são tão pouco prováveis quanto estas, vamos nos permitir que sejam também conhecidas, dado que são admiráveis e simples, além de conter muitas observações importantes sobre os céus. Mas no que tange a hipóteses sobre o cosmo, não devemos esperar nada da astronomia. Caso contrário, aceitaremos como verdade ideias que foram inventadas com outro propósito, e sairemos desse estudo mais ignorantes do que quando o iniciamos. Adeus.

Horrorizado pelo que havia lido, Giese sacudiu a cabeça, incrédulo. "Amanhã mesmo vou até a corte contestar esse ultraje, essa violação da sua obra! Quem poderia ter feito isso? O covarde não teve nem a coragem de assinar essa idiotice."

* * *

Ao final de 1543, Giese enviou a Rheticus uma carta registrando a tragédia: "O dia em que Copérnico finalmente viu o seu livro pronto, foi o dia em que morreu." Os protestos de Giese junto às cortes não deram em nada. Durante décadas, a maioria dos acadêmicos que leram o livro acreditou que Copérnico fora o autor do prefácio, pois queria deixar claro que o arranjo celeste que havia proposto, com o Sol no centro e os planetas girando à sua volta, era apenas um modelo matemático, não a verdadeira ordem do sistema solar.

O verdadeiro autor dessa farsa foi o teólogo luterano Andreas Osiander, que já havia se pronunciado contra as ideias de Copérnico. Na época, o Vaticano não havia ainda se posicionado oficialmente com relação ao arranjo dos céus. A reação mais forte foi de Martinho Lutero, que criticou Copérnico publicamente durante um jantar, acusando-o de ser apenas "um astrólogo simplório".

Poucos episódios na história da ciência são mais significativos ou dramáticos. Rheticus, que também era luterano, havia assumido a responsabilidade de supervisionar a publicação do manuscrito de seu mestre. Na época, poucos editores eram capazes de publicar uma obra como essa, e Rheticus foi até a cidade de Nuremberg, na Alemanha, para acompanhar o trabalho editorial. Tragicamente, o jovem estudante foi acusado de homossexualidade e teve de escapar da cidade antes de o livro ficar pronto. Com pressa, Rheticus decidiu que o único intelectual local capaz de levar a cabo o trabalho era Osiander. O teólogo não só adicionou o prefácio anônimo como mudou o título do livro de *Sobre as revoluções dos mundos* para *Sobre as revoluções das esferas celestes*, declarando sua intenção de saída: nem a Terra nem qualquer outro mundo gira; apenas as esferas cristalinas que carregam os planetas nos céus.[2] A mensagem de Osiander era clara: o sistema heliocêntrico de Copérnico, com o Sol no centro, era apenas um modelo geométrico com esferas girando no céu, útil para calcular as posições dos planetas, nada mais. O modelo nada tinha a ver com a realidade. Seria tolo pensar diferente.

Passaram-se mais de cinquenta anos até que alguém descobrisse que Copérnico não havia escrito o prefácio. O detetive, ao que tudo indica, foi o astrônomo alemão Johannes Kepler, que desmascarou Osiander em 1609, se não antes. Na cópia de Kepler do livro, as páginas do prefácio foram marcadas por um enorme X em vermelho.[3]

Em sua obra *O livro que ninguém leu: em busca das revoluções de Nicolau Copérnico*, o astrônomo e historiador da ciência Owen Gingerich reconstruiu a trajetória de todas as cópias existentes do livro de Copérnico, caçando exemplares em monastérios e bibliotecas privadas de colecionadores. Trabalhando como um detetive literário, examinando anotações nas bordas de páginas, assinaturas dos donos dos exemplares e de seus herdeiros, e visitando inúmeros sebos de livros raros, Gingerich concluiu que poucos ligaram para o livro de Copérnico, usando-o principalmente como um manual das posições dos planetas e das estrelas, útil na navegação e na astrologia. O título do livro de Gingerich nos diz isso. Ou seja, a publicação da obra-prima de Copérnico não causou grande alvoroço ou mesmo uma reação perceptível. A revolução que atribuímos a Copérnico, tirando a Terra do centro do cosmo e pondo o Sol em seu lugar, vai cozinhar em banho-maria por várias décadas, até entrar em ebulição no início do século XVII, graças sobretudo ao trabalho corajoso e brilhante de Galileu Galilei na Itália e de Kepler na Europa Central. Para esses dois revolucionários, a verdade sobre o cosmo deve ser decifrada nos céus a partir de observações cuidadosas, não em pronunciamentos dogmáticos proferidos por líderes religiosos movidos pelos interesses da fé. Para se ler o livro da natureza eram necessários apenas instrumentos precisos e um raciocínio apurado e crítico.

Após milhares de anos no centro do cosmo, a Terra se juntou aos outros planetas girando em torno do Sol. Essa nova visão cósmica abandonou a centralidade da Terra e, com ela, sua importância no plano divino. Se não somos o centro da Criação, quem somos? A resposta era clara: apenas habitantes de mais um mundo perambulando pelo espaço como tantos outros. Essa transposição da ordem cósmica mudou a história. Quando a Terra perde o seu status, a humanidade e a vida também deixam de ser centrais. O resultado foi uma grande confusão, tanto científica quanto espiritual. Quando a Terra era considerada o centro da Criação, tudo fazia sentido. Uma pedra suspensa no ar cai porque quer voltar a seu lugar de origem, o centro do cosmo. Feitos de carne e sangue – materiais derivados da água e da terra –, os seres humanos vivem presos neste mundo até que a morte liberte suas almas imateriais para retornar aos céus e se juntar a Deus. A ordem vertical do mundo físico espelhava a ordem divina do cosmo cristão, representado por Dante Alighieri em seu grande poema *A divina comédia*. O físico e o divino formavam um todo coeso. Mas com essa mudança na visão cósmica, com a Terra girando em torno do Sol, tudo parecia confuso e ao avesso. Várias perguntas ficaram sem resposta. Por que objetos caem naturalmente no chão se a Terra não é mais o centro de tudo? Não deveriam cair no Sol, se ele é de fato o centro do cosmo? Onde é a morada de Deus? Se a Terra é um mero planeta e tem vida, será que existe vida em outros planetas? Se existe, será que essas criaturas também são parte da obra divina?

 Com frequência me pergunto se Copérnico sabia que sua obra causaria a revolução que causou. Suspeito que sim; jamais saberemos ao certo. Com a remoção da Terra do centro da Criação, o que era único aqui passou a ser possível em outros mundos – especialmente a existência da vida. Mais ou menos em 1580, o frade italiano Giordano Bruno, talvez o primeiro a promover publicamente a visão de Copérnico, especulou que cada estrela no céu é como o nosso Sol, cercada de planetas como ele, muitos deles habitados. Nesse caso, e com outros seres humanos habitando esses mundos distantes, certamente haverá também pecadores espalhados pelo cosmo. Será que eles também têm o seu Redentor? Será que esse Cristo é o mesmo que o nosso? Essas eram algumas das novas questões que, graças a Copérnico, os teólogos tinham de confrontar. A Igreja começou a se preocupar com essa insurreição nascente.

No início do século XVII, Kepler escreveu "Somnium" ("O sonho"), um conto onde um viajante vai até a Lua. Ao chegar, o explorador encontra uma série de criaturas estranhas, mutações bizarras do que existe aqui na Terra, algumas habitando cavernas, outras se escondendo nas sombras, cada qual adaptada ao ambiente extraterrestre. De certa forma, Kepler antecipou intuitivamente algumas das ideias do que viria a ser a teoria da evolução de Darwin dois séculos e meio mais tarde.

Quando a Terra é vista como um planeta dentre vários outros, e dado que as leis da física e da química são as mesmas por todo o universo – algo que agora foi confirmado –, a vida se torna, ao menos hipoteticamente, um imperativo cósmico. A Terra deixa de ser um mundo especial. Em princípio, deveria existir uma multidão de mundos parecidos com o nosso na nossa galáxia e nos outros bilhões de galáxias espalhadas pelo universo. Sendo assim, se existem tantas outras "Terras" na vastidão cósmica, por que não a vida? Esta é, resumidamente, a essência da visão de mundo copernicana: nosso planeta não é especial, sendo apenas um mundo rochoso em órbita em torno de uma estrela ordinária na imensidão do universo. Como veremos, essa visão está profundamente conectada com a crise de identidade que ameaça o futuro da nossa espécie e o das várias outras com quem dividimos este planeta. Visões de mundo mudam. Mudaram no passado e continuarão a mudar, se mantivermos o aprendizado sobre o universo e nosso lugar nele. Nesse momento complexo de nossa história, precisamos de uma urgente mudança de perspectiva. Quase cinco séculos após a morte de Copérnico, temos uma nova mensagem das estrelas: a visão copernicana precisa ser superada. Chegou o momento de uma visão pós-copernicana, informada pela nova ciência da astrobiologia – que estuda a vida no universo – e por uma convergência de narrativas transculturais que, tomadas conjuntamente, podem gerar uma profunda transformação humana, uma transformação com o poder de reorientar o nosso futuro coletivo. Para que isso ocorra, a narrativa atual, de que a Terra é um planeta típico, deve ser abandonada em nome de outra, que celebra a raridade do nosso planeta e da exuberância da vida que abriga. Somos a única espécie animal com a capacidade tanto de nos aniquilar quanto de compreender isso. Após quase 4 bilhões de anos de evolução, o surgimento da nossa espécie marcou o início de uma nova era cósmica: a era cognitiva, o despertar de um universo consciente. Precisamos reorientar nossa relação com o planeta, com base hoje na violência ao meio ambiente e na indiferença com relação à vida, para uma fundamentada na reverência e na gratidão. Nós somos a vida contando a própria história. E o próximo capítulo dessa história, do futuro do nosso projeto de civilização e da vida no planeta que habitamos, depende das decisões que tomarmos agora.

2

Universos imaginários

> *Mundos rolam sobre mundos*
> *Da criação à degeneração,*
> *Como bolhas em um rio*
> *Brilhando, explodindo, carregadas em vão.*
> – Percy Bysshe Shelley, *Hellas*

Dos mitos aos modelos

A curiosidade inspira a imaginação e eleva a vida para além da trivialidade da rotina diária. Isso sempre foi verdade, mas raramente com a intensidade explosiva do grupo de filósofos que floresceu por volta dos séculos VI e IV a.C. na Grécia Antiga, os chamados "pré-socráticos". O nome sinaliza que viveram antes ou em torno da época de Sócrates, o filósofo ateniense que propôs que o diálogo é o melhor caminho para o conhecimento e a sabedoria. Até então, a explicação para os fenômenos naturais – desde desastres como enchentes e erupções vulcânicas até eventos misteriosos como eclipses e a aparição de cometas – era de que eles eram "causados" por entidades divinas. O Sol, por exemplo, cruzava os céus diariamente do leste ao oeste carregado pela carruagem flamejante do deus Hélio. No hinduísmo, o deus Shiva cria e destrói o cosmo ciclicamente com a sua dança, moldando a matéria nas formas que existem na natureza até o momento de destruí-la mais uma vez. Culturas espalhadas pelo mundo, tanto no passado quanto no presente, oferecem explicações míticas dos fenômenos naturais, narrativas poéticas que interpretam forças e eventos que parecem existir numa dimensão além da compreensão humana. Mitos são histórias que unificam grupos, que definem os valores e as crenças de uma cultura. Seu poder está na fé que as pessoas depositam neles, não no fato de estarem "certos" ou "errados". Mitos traduzem a natureza em histórias e, com isso, humanizam os mistérios da existência, servindo como pontes entre o concreto e o incognoscível.

Um famoso mito grego conta a história de Prometeu, o Titã que doou o fogo dos deuses à humanidade, que pôde assim controlar uma das maiores forças transformadoras do mundo natural. A partir de então, nossa espécie se tornou a rainha do mundo. Mas como se costuma dizer (e se esquecer), com o poder vem a responsabilidade. Controlar o fogo significa ter a liberdade de escolher como usá-lo: como instrumento de criação ou de destruição. O controle do fogo (ou de qualquer outra tecnologia) não vem com um manual de como usá-lo eticamente. Zeus, que não gostava nada de ter o seu poder ameaçado, puniu Prometeu acorrentando-o a uma pedra onde uma águia devorava seu fígado dia após dia. Por ser imortal, o fígado de Prometeu se regenerava durante a noite, perpetuando a sua indescritível agonia. Seu sofrimento só terminou quando Hércules o libertou das correntes.

O mito de Prometeu é um dos primeiros a explorar o conflito entre a ciência e a religião, contrapondo a razão e a fé: quanto mais os humanos aprendem sobre o mundo natural e sobre como usar os seus recursos, menos espaço existe para a crença em poderes sobrenaturais. O controle do fogo aproximou os humanos ao poder considerado então como divino, uma posição extremamente perigosa para criaturas moralmente imaturas. Ter poder sobre a natureza nada nos ensina sobre como usar esse poder.

O dilema moral de como usar o conhecimento científico – para o bem ou para o mal da humanidade e do mundo – continua a ser tão essencial hoje como era no passado – e com consequências muito mais urgentes.

Os pré-socráticos buscaram sobrepujar o poder dos mitos com uma nova ferramenta, a dialética, a arte de investigar a verdade de um argumento por meio da discussão e da troca de pontos de vista. Ao escolher o debate racional sobre o dogmatismo religioso, esses pioneiros do pensamento filosófico ocidental plantaram as sementes do que, 2 mil anos mais tarde, se transformou no que hoje chamamos de ciência. Os pré-socráticos mudaram o foco cultural da Grécia Antiga, substituindo a ação divina por mecanismos responsáveis pelo funcionamento do mundo natural. Alguns deles sugeriram que a nossa percepção do mundo nem sempre leva à verdade. Sua missão era desvendar os segredos da natureza, investigar o que se esconde por trás das aparências. Imersos numa realidade que parecia ser controlada por deuses, espíritos e magia, os pré-socráticos buscavam um conhecimento alternativo, ancorado na realidade natural, no que era acessível à razão, não no sobrenatural e incognoscível.

Para entender o quanto esses pensadores foram inovadores, vamos imaginar uma breve viagem ao passado e vislumbrar o cosmo como se fazia 25 séculos atrás, nos esquecendo do que sabemos agora. Todas as observações celestes eram feitas a olho nu. Não havia telescópios ou outros instrumentos de medição, apenas ferramentas rudimentares como o "gnômon", uma vara vertical fincada no chão usada para aproximar as horas do dia pela posição e pelo comprimento de sua sombra (como nos relógios de Sol).

Olhando para o céu numa noite sem Lua, veríamos incontáveis pontos de luz, como vemos hoje quando estamos longe de luzes artificiais. Logo notaríamos uma diferença entre essas luzes celestes entre a maioria que piscava e poucas outras que não. Curiosos, nos perguntaríamos o que seriam essas luzes, e por que desapareciam durante o dia. Com paciência, aprenderíamos que o céu parece girar por inteiro de leste a oeste todas as noites, como faz o Sol durante o dia. Notaríamos, também, que as luzes que não piscavam se moviam com relação às luzes que piscavam. Essas luzes móveis chamaríamos de *planetes*, que significa "os que se movem" em grego. Os planetas, portanto, seriam as luzes nômades da noite. As demais, que pareciam estar fixas no domo celeste, chamaríamos de *asters*, as estrelas, as que "estão" no mesmo lugar. Algumas estrelas pareciam se agrupar em padrões que, com um pouco de imaginação, identificaríamos com animais reais ou míticos, com deuses e com figuras geométricas, que chamaríamos de *constelações*. Essas "estrelas fixas" pareciam se mover em grupo, cintilando eternamente como pequenos diamantes incrustrados na abóbada celeste. E toda essa estrutura majestosa das estrelas e dos planetas girava em torno da Terra, como se essa coreografia fosse para a nossa exclusiva apreciação.

A centralidade da Terra, sob o ponto de vista desses observadores celestes, parecia ser óbvia e inevitável. Se nos esquecermos do que a ciência nos ensinou desde então, vemos os céus girando à nossa volta e não o contrário. Por que não ficamos tontos, como quando estamos num carrossel? Não deveria ser surpreendente, portanto, vermos a Terra no centro do cosmo em mapas celestes da Antiguidade. Dentro dessa perspectiva, a Terra era especial, um mundo diferente das outras luminárias celestes, a única que não brilhava por si própria.

Em torno de 450 a.C., o filósofo grego Empédocles propôs que a Terra e tudo que existia aqui eram compostos de quatro elementos básicos – terra, água, ar e fogo – misturados em proporções diversas. Muito razoavelmente, o mundo era feito dos tipos de matéria que podemos ver e tocar (se bem que filósofos que precederam e que sucederam Empédocles tinham as próprias receitas para as composições dos objetos terrestres e celestes).

Havia também o problema do tempo. Enquanto as luzes celestes pareciam eternas e imutáveis, aqui embaixo tudo parecia estar em contínua transformação, em constante estado de fluxo. Os elementos básicos se misturavam para criar as várias formas vivas e não vivas que vemos no mundo: a terra úmida, a areia seca, os ventos empoeirados, as nuvens e a névoa, o carvão e os metais que brilham quando aquecidos, as árvores, os insetos, as aves, as cobras, os cavalos e as pessoas. A imutabilidade das luminárias celestes parecia se opor à impermanência das coisas aqui na Terra, onde nada era eterno; no céu, tudo parecia ser. O passar do tempo, para nós tão óbvio, seria então relegado apenas ao mundo terrestre? Seriam os céus eternos, atemporais?

Quanto mais sofisticados os argumentos filosóficos, mais a lista das propriedades que fazia da Terra um lugar diferente, até mesmo excepcional, crescia – não só sua posição central no cosmo e sua composição material, como também o fato de que o tempo e a transformação da matéria pareciam ser relegados à realidade terrestre. A Terra, concluíram esses filósofos, é a morada do que é mortal, do que envelhece e decai com o tempo. Por outro lado, é aqui na Terra que testemunhamos o nascimento e a transformação das coisas, a beleza e a surpresa do acaso e do inesperado. Mesmo com todas as dificuldades que a passagem do tempo cria – por exemplo, a consciência de nossa mortalidade –, isso ao menos nos oferece o privilégio de ver uma rosa desabrochar, um bebê nascer ou um arco-íris suspenso no céu, momentos que, mesmo que efêmeros, dão significado ao curto tempo que temos neste mundo.

Por fim, havia também o problema do significado de nossa vida que, obviamente, continua sendo o desafio central de nossa existência. Somos um animal estranho, capazes de representar ideias complexas simbolicamente, de contar histórias, de criar tecnologias e de imaginar o novo. De onde vem a incessante torrente de pensamentos e de emoções que domina nossa mente? Nossos ancestrais pintaram imagens nas paredes de cavernas e construíram totens sagrados, respeitando e temendo as misteriosas forças naturais com um profundo senso de maravilhamento e reverência. Passados muitos milhares de anos, continuamos pintando, construindo e tentando decifrar os mistérios do mundo e da alma. Qual o propósito dessa nossa ânsia insaciável de criar, de transformar as coisas, de sonhar com o que não existe?

Para responder a essas perguntas, nossos ancestrais contavam narrativas míticas que, como mencionei, tinham diversos propósitos. Aquelas sobre a origem do mundo tentavam compreender a nossa existência, de onde viemos. As narrativas dos que viviam em desertos contavam como a vida surgiu de figuras de barro moldadas e animadas pelos deuses; as culturas que viviam perto do mar ou em ilhas falavam da origem dos oceanos e do Sol; as que viviam em climas frios contavam sobre a batalha entre o gelo e o fogo; as de florestas tropicais falavam das árvores e da chuva. Em geral, essas histórias distinguiam o mundo visível, da realidade acessível aos nossos cinco sentidos, do mundo invisível, das forças misteriosas e inacessíveis que pareciam reger o que acontecia ao nosso redor. Essa polarização entre o visível e o invisível dividia a realidade em dois domínios mutuamente exclusivos: o que era visível e compreensível e o invisível e incognoscível. Nessa realidade dual não havia ainda espaço para o desconhecido, que inclui aspectos da realidade que podem, ao menos em princípio, ser compreendidos por um processo racional de questionamento e de análise – o que virá a ser a ciência. Para nossos ancestrais, nossos poderes eram relegados ao mundo natural, acessível ao sensório humano. Por exemplo, podíamos controlar outras criaturas – inclusive os predadores mais ferozes – usando o fogo e armas ou utilizando estratégias complexas na caça e nas disputas territoriais com outros grupos.

Esse poder sobre vários aspectos do mundo natural eventualmente levou – sobretudo nas culturas ocidentais – a uma crença generalizada na importância da nossa espécie e do nosso planeta: dentre todos os seres vivos, somos o "zênite" da Criação; e tudo gira em torno da Terra, que deve, portanto, ser o centro da Criação. Essa crença foi imensamente amplificada quando as religiões monoteístas pregaram que a centralidade da Terra e a superioridade humana são parte do plano de Deus. A partir daí, nossa supremacia se tornou inevitável. Pior ainda, era sagrada, sancionada por Deus.

Herdada do passado, a crença na nossa superioridade com relação às outras criaturas vivas continua a definir a cultura atual – e é muito difícil de ser mudada. Mas se queremos ter um futuro próspero num planeta saudável, essa falsa crença, relíquia de um passado distante, precisa ser abandonada. Ter o poder de matar animais ou alterar montanhas não nos posiciona acima do mundo: pelo contrário, nos torna vulneráveis ao que podemos criar e destruir. Precisamos de uma nova narrativa para redefinir quem somos e como devemos nos integrar com o resto do mundo natural, uma narrativa que é *menos sobre dominar* e *mais sobre pertencer*. E aqui temos muito a aprender com os filósofos pré-socráticos. Como veremos, apesar de terem discordado sobre o funcionamento do mundo ou sobre a composição das coisas, muitos deixaram as narrativas míticas para trás, propondo uma profunda conexão entre os humanos e tudo que existe no mundo, vivo ou não vivo, com base no seguinte princípio: tudo na natureza emana de uma mesma substância primordial (ou substâncias primordiais). Mais importante ainda, alguns pensadores sugeriram que esse processo contínuo de criação e destruição se estende a *tudo* que existe no cosmo, tanto na Terra quanto nos céus: dessa forma, o cosmo é unificado pela mesma dança de criação e destruição, regida por princípios naturais, não sobrenaturais. O que era até então uma dualidade rígida entre o conhecido e o incognoscível se abriu para incluir uma terceira possibilidade: a exploração do desconhecido, acessível por meio da razão. Com isso, a filosofia abriu as portas para uma enorme expansão do conhecimento. Entre o que percebemos do mundo com os nossos sentidos e o mistério inescrutável do divino existe uma descrição racional do mundo físico que revela os mecanismos por trás da realidade percebida, esperando para ser construída pela curiosidade humana.

Um aspecto importante da filosofia dos pré-socráticos se alinha com o pensamento de culturas indígenas de várias partes do mundo. Para muitos pensadores gregos, a natureza era uma entidade viva, um organismo pulsando com a energia da matéria viva. Tales de Mileto, que viveu em torno de 650 a.C. e é considerado o primeiro filósofo da Grécia

Antiga, aparentemente dizia que "todas as coisas estão cheias de deuses". Para Tales, "deuses" não são as divindades antropomorfizadas do Monte Olimpo, como Zeus, Hermes e tantos outros. Tales usava deuses para representar as forças misteriosas que pareciam se ocultar nas criaturas vivas e nos objetos não vivos, às quais ele atribuía as suas propriedades. Por exemplo, a magnetita, um minério com propriedades magnéticas. Que poderes invisíveis se ocultavam dentro desse pedaço de matéria, capazes de mover uma espada?

Aristóteles, que escreveu sobre os pré-socráticos três séculos após Tales, atribuiu a ele e a seus seguidores uma espécie de animismo, a crença de que espíritos permeiam tudo que existe. Para eles, a natureza estava em constante transformação, a matéria fluindo de uma forma a outra, mas mantendo a sua essência. Como uma porção de barro que, em mãos hábeis, pode virar muitas coisas. Compare essa fluidez material com a descrição moderna das propriedades da água, que pode se manifestar como gelo, água líquida ou vapor, todos rearranjos espaciais da mesma molécula H_2O, mas com propriedades físicas inteiramente diferentes. As coisas "cheias de deuses" representavam a intuição de Tales sobre as forças que se ocultavam no coração da matéria e que, de alguma forma, eram responsáveis por essas diferentes propriedades.

Os primeiros pré-socráticos acreditavam que tudo que existe é proveniente de um único tipo de matéria, a essência material de todas as coisas. Os detalhes desse princípio unificador variavam para cada pensador. Para Tales, por exemplo, a matéria fundamental era a água. Para o seu discípulo Anaximandro, era uma substância abstrata que ele chamou, em grego, de *ápeiron*, que significa "indefinido". Em seguida, encontramos Anaxímenes, que dizia que tudo vinha do ar em diferentes concentrações. Apesar dos contrastes, todos acreditavam que a matéria se transformava por si só, sem a intervenção dos deuses tradicionais. O pensamento pré-socrático trouxe uma profunda mudança de perspectiva: as forças que animavam as coisas, mesmo se misteriosas, já não eram atribuídas a mitologias fundamentadas no sobrenatural. Com isso, o que antes era incognoscível se transforma no desconhecido, no que pode ser compreendido, permitindo, assim, o estudo racional do cosmo, dando origem ao pensamento científico ocidental. Tamanho foi o impacto desses pensadores que podemos discernir, em muitas das questões que inspiram o pensamento moderno, ecos da imaginação pré-socrática.

O primeiro cosmólogo

Mais ainda do que o seu mestre Tales, Anaximandro deu um passo fundamental na transição do pensamento mítico ao pensamento racional na descrição de processos naturais. Em torno de 600 a.C., seu objetivo era descrever fenômenos que observamos à nossa volta – como a órbita do Sol em torno da Terra ou o giro das estrelas no céu noturno – a partir de mecanismos concretos. Aparentemente, era um conhecido construtor de relógios de Sol e de globos celestes, decorados com imagens das constelações visíveis. Anaximandro também foi o primeiro no Ocidente a desenhar um mapa das partes conhecidas do mundo que incluía a terra e o mar. Mesmo que nada disso seja confirmado, sabemos que Anaximandro acreditava no poder da razão e dos modelos mecânicos para descrever os fenômenos naturais. Sua visão de mundo tinha fundamento no *ápeiron*, a substância abstrata que dava origem a tudo no cosmo, incluindo os céus e os vários mundos espalhados pela imensidão do espaço.

Anaximandro criou uma cosmologia em que o cosmo era eterno e mundos surgiam e desapareciam sucessivamente, "de acordo com a necessidade; pois são penalizados por suas injustiças e pagam retribuições uns aos outros de acordo com o que o Tempo determina". Esse é o único fragmento de texto cuja autoria é atribuída a Anaximandro, uma evocação poética da finitude mas também da conectividade entre tudo que existe, das esferas celestes às criaturas vivas, sujeitos ao julgamento imparcial do tempo: tudo tem uma origem e um fim. O *ápeiron* "tudo abrange e tudo determina", escreveu Aristóteles mais tarde ao resumir as ideias de Anaximandro; é a teia que conecta o vivo e o não vivo.[1]

A visão cósmica de Anaximandro evoca uma profunda e inspiradora beleza. Tudo que existe, vivo ou não vivo, se origina da mesma substância primordial, o *ápeiron*. Quando o *ápeiron* se manifesta como uma entidade material, sua existência naquela forma é limitada pela passagem do tempo. Eventualmente, a forma perece e doa seus materiais para outras entidades. Qualquer objeto, seja um planeta, uma pedra, uma planta, uma onda, uma pessoa, é apenas uma identidade efêmera no perpétuo ir e vir da substância primordial.

Na visão de Anaximandro, as estrelas não eram luzes misteriosas presas ao domo celeste. Tudo tinha uma razão de ser, com base numa visão mecânica do cosmo. Anaximandro imaginou a Terra sendo cercada por rodas, como as de uma biga. Mas em vez de ar, como numa bicicleta, essas rodas eram cheias de fogo. Anaximandro sugeriu que as estrelas, a Lua e o Sol girando nos céus são o fogo que escapa por furos nessas rodas. O cosmo se transforma numa máquina, composto de rodas girando em torno da Terra. O que antes era um mistério vira um mecanismo, uma cosmologia racional que substitui uma narrativa mítica.

Alguns autores gregos e romanos da Antiguidade, como Plutarco (*c*.46 – *c*.120 d.C.), atribuíram a Anaximandro uma descrição da origem dos mundos. Ao que parece, Anaximandro intuiu, ao menos qualitativamente, certos aspectos da formação de mundos que se assemelham à descrição moderna:

> [Anaximandro] dizia que o eterno material que mistura o frio e o quente foi separado no nascimento desse mundo, formando uma espécie de esfera de fogo. Essa esfera circundou o ar em torno da Terra, como a casca que envolve o tronco de uma árvore. Eventualmente, esse arranjo foi rompido e separado em vários círculos concêntricos. Deles, nasceram o Sol, a Lua e as estrelas.[2]

Existia, portanto, um material primordial e sem forma (o *ápeiron*) que combinava propriedades opostas, como o frio e o quente – o caos inicial. Com o passar do tempo, desse caos a ordem nasce, de forma natural e espontânea, sem interferência divina. A separação da matéria quente e fria originária dessa mistura "produtiva" deu início ao processo de criação, gerando uma esfera de fogo que envolveu a Terra "como uma casca envolve o tronco de uma árvore". Essa esfera se separa em círculos concêntricos, semelhantes aos que vemos durante a formação de planetas em torno de uma estrela. Eventualmente, esses anéis de fogo se transformam nas rodas que compõem o modelo mecânico de Anaximandro, representando a Lua, o Sol e as estrelas girando em torno da Terra.

Mundos nascem de um material primordial que vai se separando em anéis flamejantes que se transformam nas luminárias celestes. É inacreditável que 25 séculos atrás alguém imaginou um mecanismo dinâmico para a formação dos mundos celestes. O que importa aqui não é a precisão das ideias de Anaximandro quando comparadas aos modelos da ciência moderna, mas que alguns dos passos que imaginou continuam válidos hoje, incluindo a conjectura de que o Sol, os planetas, e suas luas emergem da mesma matéria primordial.

A astrofísica moderna nos ensina que as estrelas são gigantescos laboratórios alquímicos que transformam o hidrogênio – o elemento químico mais abundante no universo – em todos os outros elementos químicos, daqueles que compõem as pedras ao cálcio em nossos ossos e o ferro em nosso sangue. Estrelas nascem quando nuvens de hidrogênio implodem devido à própria gravidade e entram em processo de contração, como um balão que murcha, tornando-se cada vez mais densas e quentes. A densidade incrivelmente alta na sua região central induz a fusão nuclear de hidrogênio em hélio. Esse processo gera a energia que sustenta a estrela durante a sua existência e que torna a vida possível aqui na Terra. Sem a luz e o calor do Sol não estaríamos aqui. Estrelas têm uma vida dramática e uma morte ainda mais dramática, quando explodem e espalham suas entranhas pelo espaço interestelar, semeando outras nuvens ricas em hidrogênio com os elementos químicos que compõem planetas e seres vivos. A dança da morte e da ressurreição das estrelas parte do hidrogênio para criar a incrível variedade química que vemos, os átomos e as suas inúmeras combinações moleculares que formam tudo que existe. Se Anaximandro soubesse disso, quem sabe não teria chamado o *ápeiron* de hidrogênio?

Antes de deixarmos Anaximandro, vale mencionar que ele também imaginou o que hoje chamamos de *multiverso*, a hipotética coleção de universos que, em princípio, ao menos, inclui o nosso. Apesar de os detalhes do que pensava não serem claros, há um consenso entre especialistas de que na cosmologia de Anaximandro mundos emergem do *ápeiron* e, "de acordo com o que o Tempo determina", retornam a essa matéria-prima. A divergência entre os acadêmicos é em relação à natureza desses "mundos". Alguns afirmam que, para Anaximandro, inúmeros mundos coexistiam no espaço, num eterno ciclo de criação e destruição, enquanto outros afirmam que esses ciclos representavam apenas a criação e a destruição periódica do nosso planeta.

Como veremos adiante, essas duas versões dos ciclos da criação e da destruição de mundos se assemelham, ao menos qualitativamente, aos modelos de multiverso da cosmologia contemporânea. Resumindo, na física moderna, o multiverso é uma coleção de universos onde cada um, ao menos hipoteticamente, pode ter propriedades físicas únicas. Por exemplo, a massa do elétron pode variar de um universo para outro, ou a força gravitacional pode ter intensidades diferentes etc.

Nos modelos atuais, o multiverso pode existir no espaço ou no tempo. Um multiverso espacial contém uma coleção de universos coexistindo no espaço, um pouco como bolhas de sabão num banho de espuma. A diferença essencial é que esses universos não podem se comunicar: não é possível viajar de um universo a outro sem violar várias leis da física. Alguns desses universos existem por um longo tempo, enquanto outros desaparecem em frações de segundo. O nosso Universo (aqui com U maiúsculo para ser diferenciado dos outros universos hipotéticos) seria aquele dentre todos esses universos que acidentalmente tem as propriedades físicas que permitem que exista por muitos bilhões de anos, composto por matéria capaz de formar galáxias contendo bilhões de estrelas e planetas. Nessa gigantesca pluralidade de mundos, ao menos um tem uma biosfera espetacularmente complexa, que inclui um animal terrestre capaz de se comunicar por meio de uma gama variada de línguas e de se questionar sobre as suas origens e o seu futuro.

Um multiverso temporal descreve um único universo e seus ciclos de criação e destruição, como a Fênix, o pássaro mítico que renasce das próprias cinzas. Em alguns modelos, as propriedades físicas do universo podem mudar de ciclo a ciclo.[3] Nós existimos porque as propriedades físicas do universo no ciclo atual permitem a formação de estrelas e de planetas e, em ao menos um deles, que a vida floresça. No multiverso temporal, o universo bate como um coração, cada batida marcando um novo ciclo de criação e destruição de mundos.

Menos de dois séculos após Anaximandro, essas primeiras noções de mundos que surgem e perecem continuamente vão ser expandidas por Empédocles e pelos atomistas Leucipo e Demócrito e, mais tarde, no século III a.C., por Epicuro. Algumas das intuições desses filósofos são literalmente visionárias, aproximando-se de ideias usadas em modelos atuais sobre a formação de mundos.

Amor e Conflito

Ao acompanhar o pensamento dos filósofos pré-socráticos, vemos um interesse crescente não só em criar modelos mecânicos que descrevam fenômenos naturais e a organização da matéria na Terra, como também, a partir de Empédocles (c.494 – c.434 a.C.), em descrever a origem e a diversidade das criaturas vivas. Mais uma vez, a inovação essencial aqui é a ausência de qualquer tipo de intervenção divina como princípio operacional por trás da ordem natural, tanto para a matéria inerte como para a matéria viva.

Empédocles parece ter sido o primeiro filósofo a propor que toda a matéria vem de combinações entre quatro elementos básicos: terra, água, ar e fogo. Seus predecessores, como Tales e Anaximandro, atribuíram à matéria uma identidade única. Por exemplo, Tales optou pela água, e Anaximandro, pelo *ápeiron*. Para Empédocles, no entanto, os quatro elementos coexistiam e se combinavam o tempo todo, atraídos e repelidos pela tensão entre duas forças opostas, o Amor e o Conflito. Muito Amor atraindo as coisas, o Conflito viria a separá-las; muito Conflito, e "o imortal e puro Amor fluiria" para manter a coesão e a ordem no mundo.[4] Na visão de Empédocles, a realidade é produto de um equilíbrio dinâmico entre esses dois opostos.

A tensão entre o Amor e o Conflito é também responsável por dar aos objetos as formas que têm. Até criaturas vivas emergem de partes disjuntas de corpos que são atraídas e separadas pelas duas forças: "Muitas coisas nasceram com rostos e peitos nos dois lados, touros com cabeças humanas, humanos com cabeças de touro, criaturas que misturavam partes masculinas e femininas, repletas de partes estranhas."[5] Que visão insólita! Partes de animais e seres humanos se misturando para formar criaturas bizarras, que não sobrevivem. A vida, para Empédocles, é um experimento do possível, em que os seres que sobrevivem são aqueles com estruturas equilibradas pela tensão entre o Amor e o Conflito.

Como escreveu Aristóteles, resumindo as ideias de Empédocles, "as criaturas que sobreviviam eram aquelas cujas partes, combinadas acidentalmente, mais bem serviam ao seu propósito de existir".[6] Note como "partes combinadas acidentalmente" sugere que os membros e as partes que compõem os seres vivos se combinam de forma arbitrária e que sua sobrevivência é assegurada quando "mais bem servem ao seu propósito de existir", conceitos que reaparecem, numa linguagem mais moderna e científica, na teoria darwiniana da evolução por seleção natural. As coisas não estavam "cheias de deuses", mas respondiam a tendências atrativas e repulsivas que resultam na organização da matéria nas formas que existem no mundo. Isso era verdade tanto para mundos celestes quanto para as criaturas terrestres: o mesmo mecanismo atuava através do cosmo, transformando a matéria primordial nos objetos que existem, até que, eventualmente, eles retornam à matéria primordial. Algumas décadas após Empédocles, os atomistas irão radicalizar essa separação entre a filosofia natural e a intervenção divina, revolucionando a concepção de "outros mundos" no cosmo.

Os átomos, o vazio e a proliferação de mundos

A visão de que a natureza está sempre em transformação encontrou forte oposição. Vários pensadores pré-socráticos sugeriram exatamente o contrário, que a verdade só pode ser encontrada naquilo que não muda, no Ser eterno. Essa é a antiga batalha entre o Ser e o Devir, que continua viva até hoje: Onde se ocultam os segredos da natureza? Nas inúmeras transformações que testemunhamos todos os dias, ou em alguma realidade profunda, inalterável, que escapa à nossa compreensão?

Cerca de um século após Tales e Anaximandro, Parmênides diria que, se estamos interessados no que *é*, não deveríamos focar nossa atenção nas mudanças corriqueiras da vida. Afinal, o que muda se transforma em algo novo e, portanto, não pode ser considerado fundamental. O que *é*, diria ele, não pode vir a ser, não pode passar de uma forma a outra. E por que não? Porque o vir a ser é um processo de transformação que leva a uma nova identidade: o ovo que vira galinha; a nuvem que vira chuva; a lagarta no casulo que vira borboleta; a semente que vira árvore. Portanto, sugeriu Parmênides, o arcabouço fundamental da realidade deve ser eterno e imutável, e não pode ser subdividido em coisas feitas de objetos menores. Deve estar em todas as partes, preenchendo todo o espaço, imune à passagem do tempo. Parmênides sugeriu que o cosmo fosse esférico, a forma geométrica com as proporções mais perfeitas, sem tensão em qualquer ponto, uma esfera eterna. As transformações que testemunhamos no mundo são meras ilusões e não devem ser levadas a sério, dizia. Afinal, que tipo de verdade derradeira podemos atribuir a uma realidade que pode ser alterada após bebermos alguns cálices de vinho ou ingerirmos plantas alucinógenas?

A escolha entre o Ser ou o Devir era o desafio principal dos filósofos gregos por volta de 450 a.C. Como ocorre com frequência, a solução demonstrou que essa dicotomia era falsa. Melhor do que escolher entre uma das duas opções é combiná-las. Aqui, entram em cena os primeiros filósofos da escola atomista. Aristóteles, que escreveu sobre os pré-socráticos mais de um século após terem existido, atribuiu a Leucipo a ideia de que tudo que existe é composto de pequenos tijolos indivisíveis chamados átomos. Seu pupilo, Demócrito, aperfeiçoou e aprofundou essa ideia, escrevendo extensamente sobre a visão de mundo atomista. Nessa proposta inovadora sobre a estrutura da matéria, por um lado, os átomos em si não mudam – sendo, portanto, eternos, pequenos pedaços do Ser. Por outro lado, os átomos interagem entre si para formar objetos mais complexos, criando, assim, todas as coisas, de grãos de areia a estrelas, de formigas a seres humanos. Para os atomistas, o Ser cria o Devir num eterno jogo cósmico de Lego.

Certamente, esses átomos eram bem diferentes da visão de Parmênides de um Ser imutável que preenche toda a realidade. Mas, na época, qual outra visão conciliava essas duas noções tão diferentes sobre a natureza da realidade? Os atomistas eram pragmáticos, mais interessados em descrever as estruturas da realidade que percebemos do que mergulhar em discussões metafísicas. Como afirmou Demócrito, "na realidade, nada sabemos; pois a verdade se esconde nas profundezas". Essas profundezas, segundo Demócrito, estão além do nosso alcance.

Os atomistas expandiram as ideias iniciais sobre a existência de muitos mundos que encontramos no pensamento de Anaximandro, Anaxágoras e Anaxímenes. De acordo com os classicistas G. S. Kirk e J. E. Raven, "eles foram os primeiros pensadores a quem podemos atribuir com absoluta certeza o estranho conceito de uma multiplicidade inumerável de mundos (em contraste com os estados sucessivos de um organismo)".[7] Leucipo e Demócrito descrevem a realidade como sendo composta de átomos se movendo no "Vazio" – a imensidão do espaço sem qualquer tipo de matéria. Os átomos são infinitos em número e em tipologia. Ocasionalmente, números gigantescos de átomos podem adquirir um movimento circular conjunto capaz de formar vórtices (como os que vemos em furações). Aos poucos, sempre girando, os átomos vão se condensando e dando origem a mundos como o nosso. Assim, se existem infinitos átomos, devem, portanto, existir infinitos mundos espalhados pelo Vazio. Cada um desses mundos é "envolvido por uma 'membrana' formada por átomos emaranhados".[8]

Os átomos dos gregos são muito diferentes dos átomos da física moderna. Átomos são divisíveis (compostos por prótons e nêutrons no núcleo e por elétrons) e não de infinita variedade (existem 92 átomos que ocorrem naturalmente e alguns mais sintetizados artificialmente em laboratórios). Mas a ideia de que a matéria é composta de pequenos tijolos – que chamamos de partículas elementares – continua sendo essencial na física de altas energias, a área da física que estuda a composição material do universo, herdeira dos atomistas da Grécia Antiga.[9] Mesmo que o mecanismo moderno da formação de estrelas e planetas seja diferente do colapso de vórtices compostos por átomos, sabemos que a combinação de rotação e atração gravitacional leva à formação de discos protoplanetários que, eventualmente, se aglutinam em estrelas e em planetas girando à sua volta. É impossível não admirar a incrível intuição dos atomistas gregos.

Um século após Demócrito, Epicuro (341 – 270 a.C.) ampliou a perspectiva atomista, sugerindo que a criação e a destruição de mundos são ocorrências naturais sem qualquer intervenção divina. Segundo Epicuro, se os deuses existem, eles não parecem estar preocupados com os afazeres humanos ou em intervir no funcionamento do cosmo. Como escreveu Mary-Jane Rubenstein em seu excelente livro sobre a história da ideia do multiverso na cultura ocidental, "dados um tempo infinito, matéria infinita e um espaço infinito, qualquer tipo de configuração que possa existir existirá".[10] Ou seja, num universo infinito e com matéria inesgotável, tudo (ou quase tudo) é possível, inclusive o nosso mundo, mesmo que possa parecer especial ou projetado intencionalmente para a existência da vida.

Contudo, a consideração do infinito levou Epicuro a uma conclusão importante, que ele elaborou em sua *Carta a Heródoto*: "Existe um número infinito de mundos, alguns como o nosso e outros diferentes."[11] Portanto, essa não é a primeira vez que a Terra surge na infinitude do tempo, uma ideia que parece ecoar o pensamento de Demócrito. Mas, ao contrário de Demócrito, Epicuro entendeu que, se existe uma quantidade infinita de átomos, para que mundos idênticos ou parecidos com o nosso apareçam apenas uma quantidade *finita* de *tipos* de átomos pode existir. Caso contrário, se existissem infinitos *tipos* de átomos, nenhum mundo surgiria mais de uma vez. Afinal, o número de combinações possíveis entre os átomos seria infinito e a probabilidade de dois mundos idênticos surgirem seria efetivamente zero, mesmo na imensidão do tempo.[12]

Podemos identificar aqui as sementes do que mais tarde virá a ser a revolução copernicana, a noção de que a Terra não é um mundo especial. Não apenas o nosso mundo surgiu por acaso devido a uma combinação acidental de átomos, como também reaparecerá na imensidão do tempo, junto a uma infinitude de outros mundos, alguns semelhantes ao nosso e outros completamente diferentes. A centralidade atribuída ao nosso mundo desaparece com um planeta que ressurge no tempo e se multiplica pelo espaço.

Uma diferença importante entre Epicuro e Copérnico é que, para este último, o cosmo era esférico e finito. Sua ideia revolucionária foi deslocar a Terra do centro da Criação, algo que para Epicuro nunca foi um problema, visto que um espaço infinito não tem um centro. Para Copérnico, a Terra era apenas um planeta girando em torno do Sol. A possibilidade de uma outra Terra não fazia parte da sua visão de mundo, fechado e limitado. Para Epicuro, a Terra era uma dentre muitas outras Terras espalhadas pela vastidão do espaço. Copérnico descartaria essa possibilidade, dado que acreditava na existência de apenas seis planetas no cosmo, todos girando em torno do Sol. Portanto, de formas diferentes, ambos removeram a condição especial da Terra dentre os outros mundos. É justamente essa visão do nosso planeta como um mundo ordinário que devemos refutar, restaurando a Terra ao seu lugar essencial no universo. Não por ser o centro do cosmo – o que obviamente não é –, mas por ser um oásis para a evolução da vida complexa. Nossa relação com a Terra só irá mudar quando reinterpretarmos a sua história e a sua importância dentre os incontáveis mundos que existem.

Cosmologia da libertação

O cosmo pré-socrático não incluía deuses. Esse era seu ponto de ruptura com outras cosmologias gregas que surgiram mais tarde. A de Platão, por exemplo, incluía o Demiurgo, um deus arquiteto que moldou a matéria nas formas que vemos nos céus, dando ordem ao caos. O Demiurgo não era um deus todo-poderoso; era um deus artesão, que usou a matéria que já existia para moldar mundos. Já o deus de Aristóteles tinha outra função. Seu "movedor imóvel" era a Primeira Causa, o originador do primeiro empurrão que deu movimento ao maquinário cósmico. A Primeira Causa significa que era uma divindade não causada, ou seja, não originada por outra antes, existindo no tempo como conhecimento puro, movida pelo amor, capaz de dar movimento a tudo que existia no cosmo. Aristóteles considerava o cosmo uma máquina composta por esferas cristalinas concêntricas – uma cebola cósmica, com planetas e estrelas atracados às esferas, que giravam de forma a reproduzir os movimentos dos objetos celestes. O movedor imóvel atuava de fora para dentro, habitando a esfera que mais tarde foi chamada de *Primum Mobile*, a esfera do primeiro movimento, delimitando a fronteira do cosmo físico que, na Idade Média, Dante situaria no nono céu em seu poema *A divina comédia*. Ao seu redor, havia apenas mais uma esfera, o Empíreo, a décima, a morada de Deus e seus Eleitos.

Os atomistas não aceitavam nada disso. Para eles, a crença num criador divino implicava uma hierarquia de submissão a um poder sobrenatural, a fonte de superstições e de medos que assombram a humanidade, limitando nossa liberdade. Além disso, argumentavam que não havia qualquer evidência de que os deuses se importavam com o destino dos humanos, dada a sua indiferença com o nosso sofrimento e desespero. Argumentavam também que, se um deus criou o mundo como um oásis para nos abrigar, por que tantas regiões do planeta são inabitáveis, hostis à nossa espécie? Seguindo essa linha de raciocínio, deveria haver menos desertos e regiões geladas. Como escreveu Lucrécio (*c*.94–*c*.55 a.C.) em seu poema *A natureza das coisas*, o épico que, quatro séculos após Leucipo e Demócrito, deu nova voz ao pensamento atomístico, se nosso planeta foi criado para o benefício da humanidade, a natureza não estaria em guerra perpétua contra a gente:

> Por qual razão a natureza multiplica e alimenta
> os inimigos do homem nos mares e na terra –
> as incontáveis espécies de bestas selvagens? Por que as doenças
> se multiplicam nas trocas de estação? Por que a
> morte nos aflige com tanta pressa?[13]

Apenas deuses cruéis poderiam fazer isso. Mas por quê? Para se divertir às nossas custas? Para se divertir sadicamente com o nosso sofrimento? Os atomistas acreditavam que a crença no sobrenatural é uma espécie de submissão ao medo do desconhecido. Pior ainda: se os deuses controlam tudo, nada é nossa culpa; muito conveniente para não nos responsabilizarmos pelas nossas escolhas. Para eles, ser livre significa ser livre da crença nos deuses; os deuses não existem. Ou, se existem, são inacessíveis ou indiferentes aos afazeres humanos.

Em 1629, o holandês Rembrandt pintou o autorretrato *O jovem Rembrandt como Demócrito, o filósofo sorridente*, uma raridade na obra de um artista que geralmente aparece sombrio em seus autorretratos. Demócrito é conhecido como o Filósofo Sorridente, pois, tendo se livrado do medo do sobrenatural e da sua crença em deuses, pôde focar sua atenção no que de fato importa: o autoconhecimento e a busca pelos mecanismos físicos que movem o mundo. Nada do que existe na natureza era eterno, tanto aqui quanto em qualquer outro lugar do cosmos.

O poema de Lucrécio não só é uma das grandes obras da literatura de todos os tempos como também presciente e inspirador. Segundo Stephen Greenblatt, vencedor do Prêmio Pulitzer de 2011 por seu livro dedicado à obra de Lucrécio, o poema *A natureza das coisas* impulsionou a cultura europeia da Idade Média em direção à Renascença italiana.[14] Com relação à existência de outros mundos, Lucrécio adota a visão de Anaximandro sobre a criação e destruição das coisas "de acordo com o que o Tempo determina", argumentando que a dança da vida e da morte que recicla o que existe neste nosso planeta também forma e destrói uma imensidão de mundos espalhados pelos céus:

> Esses elementos que compõem a Soma das Coisas – feitos de uma
> Substância que nasce e deve perecer, nos faz concluir que
> O mesmo ocorre com a natureza do mundo
> [...]
> Portanto, quando vemos partes do mundo consumidas e
> Renascendo, devemos considerar que a Terra e os
> Céus também tem uma data de nascimento e que, quando chegar o tempo certo,
> Terminam os seus dias.[15]

Segundo essa visão de mundo, os deuses não interferem no processo de criação e destruição das coisas na Terra ou nos céus. Os ciclos de agregação e dispersão da matéria seguem ritmos naturais, átomos que se combinam para formar objetos e mundos, e que, na eternidade do tempo, se separam e eventualmente se reagrupam para formar novos objetos e mundos. A Terra teve a sua origem e, "quando chegar o tempo certo", terminará os seus dias, dispersando os seus átomos pelo espaço. Na eterna dança da existência, os átomos que compõem o nosso mundo e tudo que existe nele – pedras, sapos, borboletas, nuvens, você, leitor – irão, com o passar do tempo, fazer parte de outros mundos e das coisas que existem neles.

Nós somos feitos dos átomos que compõem o cosmo. Nós somos parte do cosmo. Nós somos o universo que vive e respira, ama e sonha. E enquanto estamos vivos – e essa é a magia da vida – sabemos disso. Talvez seja essa a sabedoria que fez Demócrito e Rembrandt sorrir.

Os estoicos e o multiverso

O filósofo atomista Epicuro tinha um inimigo, o estoico Zenão de Cítio. Mesmo que concordassem que um estado de "calma imperturbável e a sabedoria que leva ao bem viver"[16] podia apenas ser atingido por aqueles que cultivavam a busca pelo conhecimento do mundo natural, discordavam veementemente sobre o resto, desde a composição da matéria até a existência de outros mundos. Se, para Epicuro, a matéria era divisível até os átomos, para Zenão era contínua, podendo ser dividida sem limite, ou seja, sem um tijolo fundamental. O espaço, também, não era um vazio onde os átomos se moviam, mas, ecoando Aristóteles, era pleno de uma substância primordial, uma espécie de éter que se aquecia ao atingir maiores densidades. Esse éter em chamas era a matéria-prima que uma inteligência divina usou para forjar o mundo. Se, para Epicuro, havia uma infinidade de mundos surgindo e perecendo a todo momento devido a interações entre os átomos, para Zenão a Terra era o único mundo no cosmo. Zenão acreditava que o nosso mundo terminaria quando o cosmo fosse consumido pelas chamas do Sol. Porém, como a mítica Fênix, das cinzas desse cosmo destruído emergiria um novo, juntamente com uma nova Terra, num ciclo de criação e destruição que se repetiria eternamente.

Esse processo, conhecido como *ekpyrosis* ("vindo do fogo"), nos lembra tanto o ciclo de criação e destruição proposto por Empédocles, proveniente da tensão entre o Amor e o Conflito, como, mais para o Oriente, o ciclo da criação e destruição rítmica do universo na coreografia eterna do deus hindu Shiva. Ao contrário da visão atomista de uma coexistência de muitos mundos criados e destruídos na vastidão do espaço infinito – um *multiverso no espaço* –, temos aqui outra ideia: a criação e destruição de um único universo na infinitude do tempo – um *multiverso no tempo*.

Curiosamente, ambas as versões do multiverso reaparecem nos modelos cosmológicos do final do século XX, produtos de tentativas de criar uma teoria capaz de unificar as quatro forças conhecidas da natureza, a chamada *teoria unificada de campos*. O que, na Grécia Antiga, eram narrativas mitopoéticas que imaginavam as possíveis características do cosmo, agora são modelos matemáticos com base na teoria da relatividade geral de Einstein, combinados com a física que descreve as forças fundamentais da natureza. Modelos atuais consideram tanto a existência de multiversos no espaço, derivados das "teorias de supercordas", como de multiversos no tempo, provenientes de modelos do universo com períodos de expansão e contração que se alteram de forma cíclica. Vamos, a seguir, explorar algumas dessas ideias, examinando sua conexão com a nossa posição no universo.

O que é um campo?

O conceito de "campo" é absolutamente fundamental na física moderna. Em termos mais filosóficos, os campos são o substrato ontológico da realidade, a essência que compõe todas as coisas. Para ganhar um pouco de intuição sobre a natureza dos campos, considere um ímã, como esses que usamos para decorar a geladeira. Quando o aproximamos da porta da geladeira, sentimos uma atração entre os dois, mesmo que o ímã não encoste o metal da porta. Quanto mais aproximamos o ímã da geladeira, mais forte é essa atração. Por que isso acontece? O campo é uma manifestação no espaço de um distúrbio físico. Da mesma forma que quando fazemos uma fogueira sentimos o calor do fogo à sua volta, todo campo tem uma fonte. No caso do ímã, seu material gera um "campo magnético" que se estende ao espaço à sua volta. Um pedaço de ferro que esteja suficientemente perto sentirá a presença desse campo, sendo atraído ou repelido por ele. Um campo é uma entidade meio fantasmagórica, invisível, que se origina numa fonte e se espalha pelo espaço em torno. Sua intensidade cai com a distância, numa proporção que depende do tipo de campo e da geometria de sua fonte. O Sol, por exemplo, atrai os planetas e os planetas atraem o Sol por meio de seus campos gravitacionais. Qualquer objeto com massa no universo atrai gravitacionalmente todos os outros objetos com massa no universo (e vice-versa), conforme Newton propôs em 1687.

A gravidade, mesmo que atenuada nas grandes distâncias cósmicas, conecta tudo que existe, atuando por todo o espaço, esculpindo galáxias e sistema solares. Você está conectado comigo, com todas as pessoas do mundo, com as montanhas e as ondas do mar, com a Lua, com os anéis de Saturno, e até com Andrômeda, mesmo que de forma muito sutil. "Quando tocamos algo, entendemos que está conectado com tudo que existe no universo", escreveu o naturalista John Muir em seu livro *Meu primeiro verão na Sierra*.[17] A gravidade unifica o universo, controlando a sua expansão. A teoria de Newton da gravidade unificou a física terrestre e a física celeste, demonstrando que ambas obedecem às mesmas leis. A gravidade expressa a profunda interconectividade entre todas as coisas, um abraço invisível que nos envolve, que envolve o mundo, o universo. Como diziam os alquimistas da Antiguidade: "Assim na Terra como no céu."

Se nosso corpo não pode viajar pelo espaço interestelar ou pelo interior dos átomos, nossa mente pode. Talvez esse seja o aspecto mais inspirador da ciência – transformar o inatingível em algo palpável, o infinito numa ideia que podemos contemplar em nossas mentes, cada ideia um pequeno universo que trazemos dentro de nós.

Einstein era herdeiro intelectual de Pitágoras e de Platão, acreditando que a geometria era a linguagem da natureza e que a natureza era essencialmente racional, ou seja, acessível à inteligência humana. Para ele, a partir de nossa criatividade, podemos perceber, mesmo que através de um véu, fragmentos da ordem oculta das coisas. A teoria newtoniana da gravidade era eficiente mas misteriosa, pois representava a força da gravidade como algo que atuava a distância através do espaço (tal qual o nosso ímã). Como o Sol pode conduzir órbitas planetárias de tão longe? Por que a matéria atrai matéria? "Não arrisco hipóteses", escreveu Newton, numa passagem famosa. Alquimista e cristão devoto, sugeriu que a fonte desse poder atrativo era algo além do material: "Esse sistema tão elegante do Sol, dos planetas e dos cometas não pode ter surgido sem o conselho e o controle de um ser inteligente e poderoso."[18] Para Newton, a natureza da gravidade era uma manifestação da presença de Deus por todo o cosmo.

Einstein partiu da teoria de Newton, propondo uma explicação que é tão racional quanto (profundamente) bela, se bem que ainda misteriosa: um objeto com massa cria um campo gravitacional que encurva o espaço à sua volta. Na teoria de Einstein, a chamada *teoria geral da relatividade*, o que Newton chamou de força pode ser representado pela curvatura do espaço. Como uma criança que desce um escorrega numa trajetória fixa, as órbitas planetárias em torno do Sol são as trajetórias com maior eficiência energética. (Essas trajetórias são chamadas de geodésicas.) A atração gravitacional que guia o movimento das coisas, desde uma pedra que vai ao chão a um planeta girando em torno de uma estrela, é causada pela curvatura do espaço em torno de um objeto com massa, uma manifestação do campo gravitacional.

O que é uma teoria unificada de campos?

Fora a gravidade, conhecemos outras três forças atuando na natureza que chamamos de "fundamentais". A mais familiar delas é a força eletromagnética, uma manifestação conjunta da eletricidade e do magnetismo, em geral produto de cargas elétricas em movimento. Percebemos várias manifestações do eletromagnetismo, por exemplo, quando vemos um relâmpago durante uma tempestade, quando levamos um choque ao tocar uma maçaneta ou ao beijar alguém num dia frio e seco. E, claro, temos os ímãs que, como já discutimos, criam um campo magnético à sua volta.

Se movermos esse ímã, algo incrível acontece: um ímã em movimento cria um *campo elétrico* à sua volta. Ou seja, um campo magnético em movimento cria um campo elétrico em movimento. E um campo elétrico faz com as cargas elétricas o mesmo que um campo gravitacional faz com as massas: causa o seu movimento. Em torno de cada carga existe um campo elétrico, assim como em torno de cada massa há um campo gravitacional. Uma carga elétrica positiva atrai uma carga elétrica negativa e repele uma carga positiva. Essa é a diferença essencial entre o eletromagnetismo e a gravidade. A gravidade só atrai, enquanto a eletricidade e o magnetismo podem tanto atrair quanto repelir. Cargas elétricas em movimento são o que chamamos de corrente elétrica, como as que usamos nas nossas casas para acender a luz ou carregar um celular. Podemos visualizar cargas elétricas em movimento (elétrons passando num fio – a corrente elétrica) como imaginamos moléculas de água fluindo num cano. Da mesma forma que um campo magnético em movimento cria um campo elétrico, um campo elétrico em movimento cria um campo magnético em movimento. Ou seja, cargas elétricas em movimento criam magnetismo. Existe uma complementaridade, uma dualidade, que torna o magnetismo e a eletricidade inseparáveis – o campo eletromagnético.

Imagine uma rolha flutuando numa piscina, oscilando para cima e para baixo. O que acontece? Vemos ondas concêntricas que vão se espalhando para a periferia da piscina. Algo semelhante ocorre com uma carga elétrica em movimento oscilatório. Seu campo elétrico também oscila e, com ele, o campo magnético que é criado. Juntas, essas oscilações dos dois campos, ou melhor, do campo eletromagnético, viajam como *ondas eletromagnéticas*. E o que são essas ondas? Podemos mostrar que viajam na velocidade da luz, a 300 mil quilômetros por segundo. Incrivelmente, *a luz é uma onda eletromagnética*! Segundo essa descrição, a luz que enxergamos vem de cargas elétricas de dimensão subatômica oscilando no coração da matéria. Chamamos essas ondas de *radiação eletromagnética* porque as ondas que podemos ver, as ondas visíveis, são apenas uma pequena porção do espectro eletromagnético, isto é, de todas as ondas eletromagnéticas possíveis. As radiações que os nossos olhos não veem – os raios X, as radiações infravermelha e ultravioleta etc. – são detectadas por nossos instrumentos.

O mundo é iluminado pelo que vemos com os nossos olhos e pelo que é invisível a eles, pela luz que viaja através do tempo e do espaço, que ora vemos refletida no rosto de uma pessoa amada, ora refratada numa gota de orvalho flutuando numa pétala de flor – ora escapando da furiosa fornalha nuclear que alimenta o brilho de uma estrela distante.

As duas outras forças fundamentais são menos óbvias para nós, mesmo que igualmente importantes, as forças nucleares forte e fraca. Elas atuam em distâncias ainda menores e restritas ao núcleo atômico. A força forte é a escultora silenciosa da matéria, responsável pela coesão dos núcleos dos átomos, sobrepujando a repulsão elétrica entre os prótons (todos com carga positiva), além de atrair também os nêutrons, que, como diz o nome, não têm carga elétrica. Sem a força forte não haveria átomos e, portanto, matéria ou pessoas.

Já a força nuclear fraca é a grande transformadora, responsável pelo decaimento radioativo que, em geral, indica uma transmutação no coração do núcleo atômico. Ela transforma prótons em nêutrons (sendo mais preciso, quarks do tipo "up" em quarks do tipo "down"). Estrelas como o nosso Sol são grandes usinas de fusão nuclear, as alquimistas cósmicas que, por bilhões de anos, fundem o hidrogênio – o elemento químico mais abundante no universo – em hélio. A força fraca trabalha no coração das estrelas para liberar a gigantesca quantidade de energia produzida, que aqui na Terra controla o clima e alimenta nossos painéis solares. A fusão nuclear nas estrelas libera trilhões de neutrinos, a chamada partícula fantasma, capaz de atravessar planetas inteiros. Enquanto você lê esta frase, *trilhões* de neutrinos que nasceram no coração do Sol estão atravessando o seu corpo – por segundo! Uma ponte invisível de neutrinos nos conecta ao âmago do Sol. "O essencial é invisível aos olhos", disse a Raposa ao Pequeno Príncipe na fábula imortal de Antoine de Saint-Exupéry. Como no amor e na amizade, parte da realidade nos escapa, invisível aos olhos, nem por isso é menos importante.

O projeto de unificação propõe que essas quatro forças – esses quatro campos – sejam manifestações de um campo apenas, o campo unificado. Segundo essa hipótese, a nossa visão míope da realidade impede que vejamos a unificação das forças em toda a sua majestade. Se pudéssemos olhar nas profundezas, veríamos o mundo com novos olhos, unificado e completo, revelando a realidade natural como uma obra matemática magistral, codificada na linguagem sublime da geometria.

Hoje, tal visão me parece uma prece dedicada a um deus arquiteto, inspirada por um platonismo ancestral. Nos primeiros anos da minha carreira, fui um devoto dessa visão de mundo. Com o passar dos anos, trabalhei em diversas áreas de pesquisa e minha perspectiva foi aos poucos se transformando. Apesar de reconhecer a beleza estética do ideal de unificação e sua ilustre linhagem intelectual que se inicia com Pitágoras e vai até Einstein (e além), eventualmente reconheci sua inconsistência, que contradiz o funcionamento da ciência. Apresentei essa crítica no meu livro *Criação imperfeita*, fundamentada em argumentos que são menos importantes aqui.[19] O que nos importa agora é a conexão entre teorias de unificação e uma visão de mundo que *amplifica* a visão copernicana de escalas planetárias a escalas cosmológicas – não só nosso planeta é um mundo insignificante como também nosso universo como um todo, ao ser mera parte de um multiverso. Como veremos, essa insistência cultural em minimizar nossa existência tem consequências morais muito além de ideias especulativas sobre o universo e precisa ser repensada se queremos contar uma nova história de quem somos.

A "teoria de tudo" é inconsistente com a metodologia científica

Existem várias razões para a impossibilidade de chegarmos a uma unificação final das forças que regem o comportamento do mundo físico. A mais óbvia, que costuma ser ignorada, é que não podemos ter certeza de que existem apenas quatro forças fundamentais na natureza. E se um novo instrumento nos revelar a existência de uma quinta força? Ou uma sexta? Teriam que ser incluídas nessa teoria de unificação. O ponto é que declarações que afirmam que podemos chegar ao fim do conhecimento são necessariamente vazias, mais produto de nossa vaidade intelectual do que de uma lógica consistente. O que vemos do mundo depende dos instrumentos que usamos para amplificar as partes da realidade acessíveis a nós. Portanto, se não podemos ver tudo, não podemos saber tudo. E se não podemos saber tudo, é impossível chegar a uma teoria de tudo, mesmo se limitássemos esse "tudo" às forças da natureza. A omnisciência e omnipresença pertence aos deuses, não aos humanos. O que podemos e devemos fazer é celebrar as nossas incríveis descobertas sem tentar transformar a ciência numa espécie de oráculo de verdades definitivas sobre a realidade.

A ciência é uma construção humana, uma narrativa sobre o mundo que se autocorrige, que está sempre evoluindo. Como, em geral, novas descobertas (e invenções) inspiram novas perguntas, não existe um fim para essa busca. No meu livro *A ilha do conhecimento*,[20] usei uma metáfora para ilustrar isso: se tudo que sabemos cabe numa ilha, à medida que aprendemos sobre o mundo e sobre nós mesmos, essa ilha do conhecimento cresce. Mas como toda ilha, a Ilha do Conhecimento é cercada por um oceano: o desconhecido. Quando a ilha cresce, também cresce a sua periferia, a fronteira entre o conhecido e o desconhecido. Paradoxalmente, o conhecimento gera o desconhecimento. Novas descobertas inspiram novas perguntas. Enquanto continuarmos a explorar e a nos questionar sobre o funcionamento das coisas, o oceano do desconhecido também crescerá. Assim, não pode haver uma teoria de tudo, mesmo se limitada a uma teoria que unifica o conhecimento da física fundamental. No máximo, podemos construir modelos de unificação temporários que descrevem o que podemos ver da natureza naquele momento. Essas unificações, mesmo que inspiradoras, não são o último capítulo dessa história; se de fato são, não poderemos ter certeza disso.[21] A única certeza que podemos ter é a da permanência do mistério.

O copernicanismo e os limites do conhecimento científico

Retornamos agora ao multiverso, visto que os modelos da física atual são derivados das teorias de unificação. Ao contrário de seus antecedentes da Grécia Antiga, essencialmente especulações metafísicas, o multiverso moderno se ancora com firmeza no pensamento científico de ponta. Mesmo hipotéticos, têm base em extrapolações inspiradas por dois modelos conhecidos e aceitos pela comunidade científica: o *modelo padrão da física de partículas*, que descreve de forma bastante precisa como as partículas que compõem a matéria interagem entre si e até mesmo as energias testadas no colisor de partículas do Centro Europeu de Física Nuclear (CERN), localizado em Genebra, na Suíça; e o *modelo padrão da cosmologia*, que descreve com enorme precisão como o nosso universo surgiu de uma sopa primordial de partículas elementares 13,8 bilhões de anos atrás e vem se expandindo desde então, dando origem a estrelas e galáxias.

Note as palavras "padrão" e "modelo" nos dois casos. Os dois modelos descrevem o que conhecemos do mundo do muito pequeno (as partículas que compõem a matéria) e do muito grande (o universo, as galáxias).

Ambos estão abertos a possíveis modificações, algo que é sempre bom em ciência: quando modelos falham, abrem espaço para novas alternativas, expandindo a Ilha do Conhecimento. O fato de serem "modelos" significa que são descrições incompletas da realidade física, simplificações que construímos para codificar o que sabemos. Modelos científicos são mapas do mundo natural, não o mundo em si. Substituir mapas pela realidade não é apenas conceitualmente errado como potencialmente perigoso, conforme exploro com meus colegas Adam Frank e Evan Thompson em nosso livro recente, *The Blind Spot: Why Science Cannot Ignore Human Experience*,[22] e que veremos mais tarde quando discutirei a possibilidade de vida extraterrestre e a busca por planetas "terrestres", ou seja, com propriedades semelhantes às da Terra. O filósofo da ciência e matemático Edmund Husserl chamou a confusão entre o mapa e o território de "substituição sub-reptícia", quando um modelo de mundo é confundido com o próprio mundo. Por exemplo, os campos que descrevemos representam a forma com que modelamos o que podemos observar dos efeitos de atração e repulsão entre objetos. Se campos "existem" ou não, isso nos remete à questão da natureza da realidade, algo complicado. Muitos físicos afirmariam, sem hesitar: "Claro que campos existem. Nós podemos medi-los com nossos instrumentos!" Mas os campos *não são* as medidas que obtemos com os instrumentos; são a *interpretação* que damos aos dados que obtemos. Essa distinção é essencial.

Nós medimos e observamos fenômenos naturais e construímos modelos para descrever o que medimos. Vez ou outra, precisamos modificar esses modelos para incluir novos resultados e observações. A inovação na ciência vem da falha dos modelos e das teorias. Todo modelo tem um limite de validade. Por exemplo, a mecânica de Newton não funciona para movimentos próximos à velocidade da luz. Para descrever tais movimentos, usamos a teoria da relatividade de Einstein. Mas o que ocorre quando queremos explorar modelos além desses limites, ou seja, quando queremos "ver" mais adiante do que podemos? Nesse caso, físicos teóricos extrapolam modelos e teorias além dos seus limites de validade, num exercício de exploração do possível. Dado que todo modelo. é por construção incompleto, quais possibilidades existem além do que conhecemos? Que nova física se esconde por trás do que ainda não podemos ver do mundo? Esse fascínio pelo desconhecido é a inspiração mais essencial da física teórica. E por isso mesmo, essa extrapolação além do que é conhecido deve ser executada com muito cuidado. Não devemos nos esquecer de que estamos construindo *hipóteses do possível*, mapas de territórios ainda desconhecidos. Se confiarmos demais nesses mapas, iremos inevitavelmente nos perder. Infelizmente, isso ocorre com frequência durante períodos de escassez de dados, quando ideias especulativas são praticamente consideradas eventos concretos, ganhando enorme atenção e reputação com base na crença de que são muito boas ou criativas para estarem erradas. Essa situação é problemática porque evita o processo científico habitual de validação empírica, dando ao público (e aos cientistas) a ilusão de que sabemos muito mais do que de fato sabemos. É claro que devemos especular e extrapolar nossas teorias em direções desconhecidas. Mas com muito cuidado e muita humildade. Cientistas não deveriam vender mapas da realidade que mostram como se vai do ponto A ao ponto B quando sequer são capazes de garantir a existência do ponto B.

O atual sucesso de nossos dois modelos (das partículas e da cosmologia), juntamente com suas limitações inerentes, vem inspirando várias extrapolações além dos seus limites, em particular em direção à física das altíssimas energias vigentes na vizinhança do Big Bang, o evento que marcou o início dos tempos. O desafio aqui é que queremos descobrir as propriedades do universo perto da origem de tudo, mas não temos as ferramentas – os experimentos e as observações – para explorar a infância cósmica.

Esse é o dilema da extrapolação (em todos os campos do conhecimento): podemos apenas preencher as lacunas do nosso conhecimento atual usando o que sabemos até o momento. O filósofo francês do século

XVII Bernard Le Bovier de Fontenelle considerava a tensão entre a nossa curiosidade e a nossa visão míope da realidade como a essência da busca pelo conhecimento: sabemos apenas aquilo que sabemos, mas queremos saber mais do que sabemos. Dada essa situação, exploramos territórios desconhecidos movidos pela esperança de aprender algo mais sobre o mundo e sobre nós mesmos.

Em 1543, Copérnico sugeriu que o Sol é o centro do cosmo, como vimos no capítulo 1. Esse rearranjo do sistema solar removeu a suposta centralidade da Terra, que passou a ser considerada, desde então, um mero planeta orbitando o Sol. Após Kepler, Galileu, Descartes e Newton terem cimentado a hipótese de Copérnico como o arranjo correto do sistema solar, o crescente poder de ampliação dos telescópios construídos nos séculos XVIII e XIX revelou um cosmo cheio de surpresas. Novos planetas foram descobertos (Urano, em 1781, e Netuno, em 1846), assim como diversas luas orbitando alguns desses mundos. Nebulosas de variados tamanhos e cores foram descobertas. Esse aumento na diversidade dos objetos celestes fortificou a noção copernicana de que a Terra é apenas um mundo ordinário, sem qualquer importância maior no maquinário cósmico. Nosso mundo poderia ou não existir, assim como Júpiter poderia ou não existir. Ou mesmo o Sol, apenas uma estrela dentre tantas outras. Desse modo, não só a Terra como seus habitantes se tornaram insignificantes. Para a ciência mecanicista dos séculos XVIII e XIX, a Terra era um grão de poeira na vastidão do espaço. O sucesso prático dessa visão deu ímpeto ao Iluminismo, visto que esse movimento intelectual do século XVIII preconizava a razão como o melhor instrumento para se chegar à verdade. Só a razão poderia guiar a busca pela liberdade, tanto do indivíduo como da sociedade, sobrepujando o controle dogmático das monarquias e das religiões, sobretudo o cristianismo. Dado que a razão humana determinou o lugar da Terra no cosmo e as leis da natureza (ao menos aquelas conhecidas na época), o racionalismo contagiou todas as esferas do conhecimento, com a missão de acelerar o progresso humano.

Após o Iluminismo, o copernicanismo foi ganhando um significado que ia além do rearranjo da ordem do sistema solar, para se tornar uma afirmação sobre a mediocridade do nosso planeta. Esse sentimento de pequenez e de insignificância cósmica é expresso no conto "Micrômegas", escrito na metade do século XVIII pelo brilhante satirista francês Voltaire. O conto relata uma visita à Terra de dois gigantescos seres extraterrestres, um vindo de Saturno e o outro, o chamado Micrômegas, de um planeta em órbita em torno da estrela Sirius.[23] Voltaire zomba da prepotência humana quando observada por outras inteligências muito superiores à nossa, habitando mundos muito maiores e mais interessantes do que a Terra. Nosso planeta é insignificante e nós também.

Esse novo copernicanismo, ancorado num racionalismo mecanicista e reducionista, considerava irrelevante a confluência espetacular das inúmeras propriedades físicas, bioquímicas e geológicas que se somam para gerar a exuberante biosfera terrestre. Considerava, também, o mundo natural e a coletividade da vida como meros objetos de estudo e de categorização científica. Essa atitude intelectual materialista desprezava, com indiferença e arrogância, as culturas indígenas e seus saberes, considerando "primitiva e selvagem" a profunda conexão com a terra e com todos os aspectos da natureza que caracteriza suas cosmovisões. À medida que a cultura ocidental foi se afastando da conexão espiritual com o planeta, o maquinário do processo industrial foi se apossando do mundo natural como se fosse nossa propriedade, um objeto a ser explorado com impunidade para o nosso benefício e lucro pessoal. Divorciadas da natureza, as forças de mercado impulsionaram o rápido crescimento industrial, que literalmente passou a devorar as entranhas da Terra para extrair os combustíveis "fósseis" que alimentaram e ainda alimentam o progresso material – o petróleo, o gás natural, o carvão –, sem jamais considerar as consequências desastrosas desse crime ambiental. As cidades, o sistema global de transportes, os bens que possuímos – o mundo moderno do qual tanto nos orgulhamos –, tudo isso foi construído com os restos degradados de seres que viveram aqui há milhões de anos.

Nos últimos séculos, o copernicanismo se transformou numa visão de mundo na qual quanto mais aprendemos sobre o universo menos importantes somos. O Sol é apenas uma estrela ordinária, localizada a cerca de a 27 mil anos-luz de distância do centro da nossa galáxia, a Via Láctea. A própria Via Láctea contém em torno de 200 *bilhões* de estrelas, a maioria com planetas orbitando à sua volta. Mesmo que não tenhamos um número preciso, podemos estimar com segurança que apenas na nossa galáxia, dentre planetas e luas, deve existir ao menos 1 trilhão de mundos.

Vale fazer uma pausa para processar a enormidade desse fato. Um *trilhão* (mil bilhões) de mundos, cada um diferente, cada qual com a própria história, com a própria composição química, com as próprias propriedades geofísicas e orbitais. Uma nova subdisciplina, a *Planetologia Comparada*, vem sendo desenvolvida para dar conta dessa incrível diversidade de mundos, buscando propriedades que possam classificá-los em grupos. Que mundos são rochosos como a Terra ou Marte, e quais são gasosos como Júpiter ou Netuno? Quais as suas massas e composição química? Quais as suas dimensões (o seu diâmetro) e a que distâncias da estrela central ficam as suas órbitas? Quais mundos têm montanhas, lagos ou oceanos? Quais podem, em princípio, hospedar criaturas vivas? E como podemos nos certificar disso?

Em breve discutiremos essas questões em detalhe. Mas antes precisamos discutir a expansão do copernicanismo desde o nosso sistema solar até distâncias cada vez maiores. Em 1924, o astrônomo norte-americano Edwin Hubble mostrou que a Via Láctea é apenas uma dentre bilhões de outras galáxias no universo. Em 1929, ele identificou que essas galáxias estão se afastando umas das outras, o que agora chamamos de *expansão do universo*. Como acontece com frequência na história da ciência, essas descobertas revolucionárias ocorreram devido ao uso criativo de um novo instrumento poderoso, um telescópio refletor com um espelho de 100 polegadas (2,54 metros), situado no topo do monte Wilson, nos arredores de Los Angeles. Nessa nova visão cósmica, as galáxias são carregadas pela própria expansão do espaço, que podemos visualizar como uma espécie de membrana elástica. Essa deriva cósmica pode continuar por toda a eternidade, com as galáxias se distanciando cada vez mais, enquanto suas estrelas vão esgotando seus combustíveis e se apagando gradualmente; ou a expansão pode cessar e reverter, tornando-se uma contração cósmica, o universo batendo como um coração, cada batida um ciclo de existência. Por trás das equações descrevendo a dinâmica cósmica, podemos ouvir ecos da música que anima a dança de Shiva, a divindade hindu que cria e destrói universos em ciclos eternos.

Não podemos saber ao certo qual será o futuro distante do universo. Apesar de muitas declarações ao contrário, que afirmam que isto ou aquilo irá ocorrer, o destino do universo é incognoscível. Aqui encontramos uma oportunidade para discutir a natureza do conhecimento científico, tanto seu incrível poder como suas limitações.

Para prever o futuro distante do universo, precisamos saber duas coisas que não podemos saber. Primeiro, quais as propriedades de tudo que existe no universo por intervalos de tempo que se estendem sem fim à nossa frente. Atualmente, acreditamos que existem dois outros tipos de matéria no universo, fora a matéria comum, da qual nós, as estrelas, as nuvens de Júpiter e partículas exóticas encontradas em experimentos realizados a altas energias somos feitos. Chamadas de *matéria escura* e *energia escura*, sua natureza e composição permanecem desconhecidas, mesmo após décadas de busca intensa em experimentos realizados em várias partes do mundo e mesmo no espaço. A designação "escura" indica que essas substâncias não emitem qualquer tipo de radiação eletromagnética, seja ela visível aos nossos olhos ou não (como o infravermelho ou o ultravioleta). Sabemos que a matéria e a energia escura existem porque elas afetam gravitacionalmente a matéria que podemos ver. A matéria escura age sobre as galáxias e os aglomerados de galáxias, enquanto a energia escura age sobre o universo inteiro, afetando a sua expansão. Por incrível que pareça, a matéria ordinária, ou seja, tudo que podemos ver do universo, contribui com apenas 5% do que existe, com a matéria e a energia escura contribuindo com os outros 95%.

Nas próximas décadas esperamos aprender bem mais, talvez até desvendando a natureza da matéria escura (pode ser mais de uma coisa, pequenas partículas ou aglomerados delas compondo objetos maiores – minha opção favorita pois sou um dos arquitetos dessa hipótese, tendo proposto objetos que batizei de "óscilons"); e se ela é estável, ou seja, se pode sobreviver por bilhões de anos sem se desintegrar em outra coisa.[24] Esperamos também, nesse mesmo período de tempo, aprender mais sobre a natureza da energia escura, usando poderosos telescópios que poderão detalhar suas propriedades, em particular se sua influência na expansão cósmica enfraquece à medida que o universo envelhece ou se permanece a mesma.

Entretanto, mesmo se desvendarmos a natureza da matéria e da energia escura, será extremamente difícil prever seu comportamento a longo prazo. Para tal, seria necessário acumular muita informação estatística, e por muito tempo. Simplificando, se queremos determinar com precisão se um objeto existirá por toda a eternidade, *precisamos observar esse objeto por toda a eternidade*. A inferência estatística é uma ferramenta muito poderosa, mas, como diz o nome, é estatística. Se dissermos que, em média, as partículas de matéria escura sobrevivem por 100 bilhões de anos, muitas irão sobreviver mais e muitas menos do que isso. Talvez, após 100 bilhões de anos, elas se transformem em outro tipo de partícula ainda desconhecida. Portanto, não podemos contar a história de como será o fim do nosso universo, ou mesmo se haverá um fim. (Por exemplo, ele pode iniciar um novo ciclo de existência.) O que podemos fazer é extrapolar a partir do nosso conhecimento atual, sem qualquer garantia de certeza. Essa atitude requer o que, em filosofia, conhecemos como *humildade epistêmica*, isto é, aceitar as limitações do que nos é possível saber. A humildade epistêmica não deve ser confundida com o *niilismo epistêmico*, que afirma que nada sabemos, o que me parece uma bobagem.

A segunda limitação que temos para determinar o destino do universo vem dos instrumentos que usamos para observar os fenômenos naturais e do que podemos concluir a partir de seu uso. Como declarou o grande físico alemão Werner Heisenberg, conhecido por ter proposto o princípio da incerteza da física quântica: "O que observamos não é a natureza em si, mas a natureza exposta aos nossos métodos de questionamento."[25]

Toda a informação que obtemos do mundo natural é filtrada por nossos sentidos. Nós experienciamos a realidade antes de poder medi-la, e essa experiência do real depende fundamentalmente do aparato sensorial do animal humano. O que podemos perceber da realidade é uma ínfima fração do que de fato existe. Estamos cercados por "presenças" invisíveis. E não falo aqui de espíritos ou fantasmas, mas dos vários tipos de radiação eletromagnética que não podemos ver, dos sons que não podemos ouvir, ou dos objetos que são pequenos demais ou estão longe demais para que possamos visualizá-los, como os trilhões de neutrinos que viajam do coração do Sol e atravessam nossos corpos a cada segundo. Nossos instrumentos são *amplificadores da realidade*, ferramentas que detectam, ampliam e traduzem fenômenos naturais para que possamos percebê-los com nossos sentidos. Não podemos ver elétrons ou a radiação ultravioleta, mas vemos ponteiros em instrumentos, gráficos em telas coloridas e luzes que piscam, ouvimos o tique-taque e os sons de detectores, e podemos sentir o cheiro, tocar e provar substâncias e objetos diversos.

A inovação tecnológica caminha de mãos dadas com essa amplificação da realidade física. Por exemplo, o que Galileu podia visualizar com o seu telescópio em 1609 – um instrumento que mudou nossa visão de mundo – hoje podemos replicar com um par de binóculos. Nossos modelos da física subnuclear dependem de experimentos capazes de registrar colisões entre as partículas elementares da matéria, completamente invisíveis aos olhos. Com nossos gigantescos telescópios, podemos observar galáxias nascendo a bilhões de anos-luz de distância, enquanto detectores de ondas gravitacionais nos permitem capturar as minúsculas vibrações na própria estrutura do espaço causadas por colisões entre buracos negros situados a enormes distâncias astronômicas.

Construímos mapas da realidade a partir dos fragmentos do mundo que capturamos com nossos instrumentos. Quanto mais precisos eles forem, mais precisos serão nossos mapas.

Porém, como alertou o grande escritor argentino Jorge Luis Borges em seu conto "Do rigor na ciência", nenhum mapa pode representar perfeitamente um território, a menos que seja do tamanho do próprio território – o que torna o mapa inútil.[26] O poder da ciência não está em representar a natureza como ela é – o que, como argumentei aqui, é impossível –, mas sim em descrevê-la como a experienciamos. É importante lembrar que todo instrumento de medida ou de detecção tem um limite de precisão, um alcance finito, uma resolução finita. O que vemos do mundo depende do que os nossos instrumentos conseguem captar do mundo. Portanto, mesmo se extrapolarmos para um futuro em que teremos uma capacidade tecnológica muito maior, sempre haverá aspectos do mundo além do nosso alcance. Em particular, o futuro longínquo do universo nos é inescrutável, consequência inevitável de como funciona a ciência. Apenas a nossa imaginação pode chegar lá, explorando o que os nossos sentidos não são capazes de perceber.

Para além do futuro longínquo do universo encontramos o multiverso, a expressão final de um copernicanismo levado ao extremo. Com o multiverso, nem mesmo nosso universo é especial, sendo apenas um dentre tantos e tantos outros. Mas antes de afundarmos numa depressão niilista e nos sentirmos completamente insignificantes cosmicamente, devemos explorar a versão moderna do multiverso para compreender se, de fato, é ou não uma ameaça à nossa importância cósmica.

O multiverso é o "Deus das Lacunas" da física

Vimos que, ao menos no Ocidente, a ideia de multiverso não é nova, tendo suas origens na Grécia Antiga, há mais de 2 mil anos. Os atomistas e os estoicos discordavam sobre a natureza do multiverso – os atomistas propondo uma multitude de mundos emergindo e colapsando continuamente na vastidão do espaço, enquanto os estoicos sugeriram que o único mundo é a nossa Terra, que emerge e desaparece periodicamente na vastidão do tempo. Ambos os cenários reaparecem na cosmologia moderna, obviamente descritos na linguagem da física atual. Apesar das diferenças em sua motivação, a hipótese do multiverso decorre de extrapolações até períodos muito próximos do Big Bang e, portanto, bem distantes do que, ao menos no momento, podemos testar experimentalmente.

Na teoria das supercordas, o multiverso é equivalente a uma coleção de universos possíveis, que coexistem numa espécie de "paisagem" (do inglês *landscape*), como montanhas e vales coexistindo numa paisagem na Terra. Segundo a teoria das supercordas, o espaço tem mais de três dimensões espaciais, e essas dimensões extras podem ter diferentes configurações geométricas (e topológicas), sendo, também, extremamente pequenas e inacessíveis aos nossos instrumentos, mesmo a distâncias subnucleares (menores do que o tamanho de um próton).

As diferentes teorias de supercordas (existem várias) são fundamentadas numa profunda conexão entre a geometria das dimensões extras e os valores das chamadas constantes da natureza, que medimos no nosso universo tridimensional, como a velocidade da luz, a massa do elétron ou do bóson de Higgs, ou a intensidade das forças de atração e repulsão entre essas e outras partículas da matéria. A partir de um processo conhecido como "compactificação espontânea", as teorias preveem que os valores das constantes da natureza são determinados pela geometria das dimensões extras: geometrias com formatos diferentes dão origem a constantes da natureza com valores diferentes. Com isso, cada possibilidade geométrica constitui um universo distinto, com valores distintos das constantes da natureza. E como as constantes da natureza determinam as interações entre as partículas de matéria, cada um desses universos tem a própria física. Nesse caso, o nosso universo seria apenas um dentre uma vasta multidão de possíveis universos.

A princípio, e foi por isso que fui seduzido por essa teoria no início da minha carreira, na década de 1980, dentre todos esses universos, seria possível *prever* matematicamente a existência do nosso e demonstrar que é o preferido pelas leis da física. Ou seja, se a teoria funcionasse, poderíamos usar a geometria para deduzir as propriedades físicas do nosso universo, realizando o antigo sonho platônico de desvendar os segredos mais profundos da natureza por meio da razão humana. A chamada "paisagem das supercordas" é o espaço abstrato composto por todas essas possíveis geometrias e suas compactificações representadas como vales, cada qual correspondendo a um universo distinto. A troca de informação entre esses universos é proibida pelas leis da física. Portanto, se você existe em um universo, não poderá detectar diretamente a existência de outros universos paralelos. É como se vivêssemos num aquário, impossibilitados de saber o que existe fora dele.

O multiverso sugerido pelas supercordas é tanto inspirador quanto problemático. A física é, antes de mais nada, uma ciência empírica, cujo avanço depende da validação ou da refutação de hipóteses testáveis. Portanto, um multiverso que é inobservável e que não pode ser validado não cabe dentro do que definimos como ciência tradicional. O multiverso é uma ideia muito diferente da ideia de um átomo, que não pôde ser testada e validada por milênios, ou do bóson de Higgs, descoberto em 2012, cinco décadas após ter sido proposto. Átomos e partículas fazem parte da nossa realidade física e podem, em princípio, ser detectados. Como devemos lidar com o multiverso se é algo que, por construção, existe *além* do que pode ser observável? Ele cabe na física tradicional ou é apenas um instrumento de argumentação, desenvolvido para possivelmente inspirar novas ideias?

Enquanto o debate continua, algumas ideias foram propostas para testar de forma indireta a existência de outros universos. Por exemplo, se um universo vizinho tivesse colidido com o nosso num passado distante, a colisão poderia ter criado padrões específicos na radiação de micro-ondas que preenche todo o universo, como uma espécie de "carimbo".[27] Até o momento, apesar dos esforços de vários físicos, tais padrões não foram encontrados. Mesmo se tivessem sido observados, constituiriam apenas evidência indireta da existência de outros universos. Como podemos ter certeza de que esses padrões não podem ter sido gerados por alguma causa que ainda desconhecemos? Qualquer hipótese depende do nosso conhecimento atual, que é então extrapolado além do que podemos confiar. A existência de outros universos ilustra uma frase que tem origens no início do século XVIII ou possivelmente antes, que o astrofísico Carl Sagan tornou famosa ao citá-la em sua série *Cosmos*: "Qualquer afirmação extraordinária requer evidência extraordinária."[28]

Alguns cientistas até chegam a propor o multiverso como uma alternativa a Deus, argumentando que oferece uma explicação para os valores específicos das constantes da natureza, essenciais para que nós – e todas as formas de vida – possamos existir neste universo. Dado o número gigantesco de universos possíveis na paisagem das supercordas, nosso universo é apenas um deles, o vencedor da loteria cósmica, ao menos sob o ponto de vista das entidades que jogam essa loteria. Segundo essa lógica, não existe a necessidade de invocar um "Arquiteto Cósmico". Esse tipo de argumento é uma reencarnação do antigo e batido argumento teológico conhecido como "Deus das Lacunas", que usava Deus para "explicar" o que a ciência não compreendia sobre o funcionamento do cosmo. Newton, por exemplo, atribuía a estabilidade das órbitas planetárias (o fato de os planetas não caírem no Sol) à intervenção divina.

O multiverso tenta refutar a ideia de que as constantes da natureza são finamente ajustadas para produzir o universo em que vivemos, o fato de que tudo parece funcionar magicamente de forma a "garantir" a nossa existência. A escolha, portanto, é entre o acaso e uma arquitetura premeditada. Na ausência de uma explicação científica para os valores das constantes da natureza – que, aliás, era a motivação original da teoria das supercordas –, deve haver um "Arquiteto" que, é claro, se encarrega de arquitetar universos. Portanto, prosseguindo com o argumento, a melhor explicação científica para o enigma da nossa existência é o multiverso: nosso universo é produto do acaso, um dentre uma infinitude de outros possíveis que surgem na paisagem das supercordas. Assim, não há necessidade de um Arquiteto.

O problema com esse argumento é que se baseia numa dicotomia falsa. Contrapor nossa ignorância atual sobre o mecanismo que selecionou as constantes da natureza (se é que há um mecanismo) à existência de uma divindade que cria universos não é justificável. Quem decidiu que a ciência precisa oferecer uma explicação para os valores das constantes naturais? Ou mesmo que essa missão seja possível? Compare com o Deus das Lacunas ("Deus é que faz"), mas agora curiosamente "adaptado" por alguns cientistas para justificar uma hipótese científica que não pode ser validada empiricamente, a existência do multiverso ("Deus não precisa fazer"). Um colega chegou até a afirmar que "se você não quer Deus, é melhor aceitar o multiverso". Isso é mais teologia do que ciência, e uma teologia ultrapassada. A dicotomia entre Deus e o multiverso é falsa. O multiverso funciona como o Deus das Lacunas, um argumento que, apesar de inspirador, não é testável; portanto, e tal como Deus, é um artigo de fé.

A alternativa é considerar as constantes da natureza como parâmetros físicos que usamos para construir nossa narrativa do mundo. Elas são o alfabeto da física, o arcabouço que sustenta nossos mapas matemáticos da realidade. A massa do elétron, a velocidade da luz e a força da gravidade não são constantes da "natureza", mas do nosso mapa da realidade, que construímos por meio do que nos é possível medir da realidade física da qual fazemos parte. As constantes da natureza não são do universo; elas são nossas. Os mapas que construímos não são o território, mas uma interpretação dele. O que é magnífico na ciência não é que ela nos permite saber tudo – uma premissa que não faz sentido –, mas que nos permite saber tanto.

Ecoando os atomistas da Grécia Antiga, a paisagem das supercordas é um multiverso que se manifesta no espaço. Já outros modelos cosmológicos ecoam os estoicos e sua *ekpyrosis*, propondo um multiverso no tempo: existe apenas um universo que passa por ciclos de criação e destruição cuja matéria é comprimida a densidades enormes e, em seguida, expande com o espaço até, eventualmente, começar um novo processo de contração. Esses modelos cíclicos têm a vantagem de não precisar das mesmas condições exóticas das supercordas, como dimensões extras do espaço ou supersimetria. No entanto, usam processos físicos que são bastante especulativos e que, ao menos no momento, não têm qualquer evidência observacional.[29]

Mediocridade e a necessidade de uma revolução pós-copernicana

Voltamos agora ao copernicanismo e à sua indiferença com relação à nossa existência, tema que é central para nós. O princípio copernicano gerou outro princípio, o *princípio da mediocridade*, que estende a irrelevância da nossa posição astronômica à mediocridade da vida na Terra e até mesmo à existência de vida inteligente no universo. De acordo com esse princípio, a mediocridade da vida na Terra se deve ao fato de as leis da física e da química serem válidas por todo o universo. A partir desse fato, o princípio extrapola que, por continuidade, o mesmo ocorre com as leis da biologia, com base na teoria da evolução de Darwin. Os proponentes desse princípio argumentam que, se o nosso planeta não é especial e a vida surgiu aqui há 4 bilhões de anos e evoluiu para se tornar inteligente, o mesmo deve ter ocorrido em inúmeros outros mundos espalhados pelo universo. Portanto, a Terra é um mundo ordinário (ou medíocre, no senso de ser comum), a existência da vida aqui é medíocre, o fato de a vida aqui ter evoluído para incluir vida inteligente é igualmente medíocre e, por consequência, nós humanos também somos medíocres. Segundo o princípio, o universo está repleto de outras civilizações inteligentes e a nossa não tem nada de especial.

Essa extrapolação é perigosa, além de incorreta. Incorreta por ser cientificamente infundada; perigosa porque a trivialização da existência da vida e da inteligência na Terra leva ao menosprezo pelo planeta. Por que cuidar de algo sem importância? Por que defender os direitos das criaturas com quem dividimos o planeta se a vida é algo banal no universo? O que não é valorizado é desprezado. O copernicanismo é baseado num fato astronômico incontestável: a Terra é um planeta em órbita em torno do Sol, tal como os sete outros planetas do nosso sistema solar. No entanto, a extrapolação além desse fato, usada para formular o princípio da mediocridade, reflete uma visão científica equivocada do que é a vida e de como ela surge num planeta. Para ser mais preciso, esse princípio se baseia em três premissas fundamentais:

> Existem inúmeros planetas terrestres no universo, isto é, planetas com propriedades físicas e químicas semelhantes às da Terra, em que a vida não só pode surgir como também persistir por um tempo longo o suficiente para evoluir em complexidade.
> Existe vida em muitos desses planetas.
> Em muitos desses mundos, a vida chegou a níveis elevados de capacidade cognitiva.

Dessas três premissas, a única com algum respaldo em observações atuais é a primeira – se bem que mesmo essa colapsa quando analisada mais de perto. Como veremos na Parte II, já observamos muitos planetas orbitando outras estrelas (no momento, são mais de 5.500!), conhecidos como *exoplanetas*, dos quais uma fração baixa mas significativa (em torno de 3,6%) tem características físicas semelhantes às da Terra, sendo rochosos e orbitando sua estrela dentro da chamada *zona habitável*, tema que abordaremos no capítulo 4.

O problema aqui é que existe uma enorme diferença entre um planeta ser rochoso como é a Terra, e um planeta ser *como a Terra é*, que nós chamaremos de *planeta terrestre* (do inglês *Earthlike*). Para gerar e sustentar a vida por bilhões de anos, um planeta precisa ter todo um complexo de propriedades geoquímicas que não são facilmente replicáveis. Isso fica claro quando comparamos a Terra com os outros três planetas rochosos do nosso sistema solar – Mercúrio, Vênus e Marte –, que, sem dúvida, não são como a Terra é quanto à existência de vida. O significado da expressão "planeta terrestre", usada em astronomia para designar um planeta semelhante à Terra, não é muito preciso, dado que se limita a uma comparação entre algumas das propriedades físicas do exoplaneta e as da Terra: se a massa e o raio do planeta são semelhantes aos da Terra e se a órbita do planeta é na zona habitável de sua estrela. O ponto aqui é que a existência da vida é *absolutamente essencial* para designar um planeta como "terrestre", algo que não entra nessa definição. A massa, o raio e uma órbita na zona habitável da estrela são condições mínimas para entrar na classificação de planeta terrestre; mas com certeza não são condições suficientes. Um planeta verdadeiramente terrestre precisa ter uma composição atmosférica semelhante à da Terra, que indica a presença de uma biosfera ativa, atuando no planeta como um todo – uma condição muito mais difícil de ser satisfeita. *Um planeta terrestre é um planeta vivo.* [30]

Já as demais premissas são meras especulações, sem qualquer embasamento científico, dado o pouco que sabemos sobre a origem da vida na Terra e como a vida aqui evoluiu para se tornar inteligente. O que sabemos é que a evolução da vida é resultado de uma série de acidentes e contingências que vão desde mutações genéticas a cataclismos geofísicos causados por colisões com asteroides e cometas, por evoluções vulcânicas ou mesmo por mudanças climáticas que dependem da existência da vida aqui. A origem da vida continua a ser um mistério, enquanto a evolução de seres unicelulares simples a seres multicelulares inteligentes não é necessária – e certamente não é inevitável. A vida se preocupa em estar bem adaptada ao ambiente em que vive para poder se reproduzir da forma mais eficiente possível, não em construir foguetes ou escrever poemas. Ou seja, mesmo que a inteligência seja um atributo evolucionário que oferece uma enorme vantagem para a sobrevivência da espécie, não há qualquer garantia de que esse é o único caminho evolucionário. Por exemplo, os dinossauros existiram por mais de 150 milhões de anos, sofrendo várias mutações nesse período. Entretanto, pelo que sabemos, não desenvolveram uma inteligência sofisticada, ao menos não o tipo de inteligência capaz de construir uma civilização tecnológica. A ciência atual não oferece qualquer justificativa para extrapolar da existência de exoplanetas rochosos na nossa galáxia para um universo repleto de civilizações tecnológicas. A existência de vida (e muito menos de vida inteligente) não é uma consequência automática de condições astronômicas favoráveis. Essa trivialização (ou mediocridade) da vida e da vida inteligente afeta como nos relacionamos com o planeta que habitamos e dividimos com tantas outras formas de vida. Mesmo que pouca gente conheça o princípio da mediocridade, a maioria vê a humanidade como dona do planeta, uma forma de vida superior aos outros animais e plantas. Existem muitos modos de contar a história de quem somos, e essas diferentes narrativas são produto de valores e escolhas éticas que afetam como nos relacionamos com o planeta que nos abriga e entre si. Está na hora de mudarmos a história de quem somos.

A nossa existência não é apenas uma questão científica, que depende da nossa posição no universo. É, também, uma questão existencial que depende dos nossos valores e de escolhas morais, e que necessita de perspectivas múltiplas, a ciência sendo apenas uma delas. Portanto, não devemos decidir se somos ou não relevantes cosmicamente com base apenas num argumento científico problemático, que objetifica nosso planeta e considera nossa existência um evento trivial no decorrer da longa história cósmica. A irrelevância da nossa posição no sistema solar (que, na verdade, também pode ser debatida) foi expandida para incluir a irrelevância do nosso planeta e da existência da vida aqui e, consequentemente, a irrelevância da nossa espécie e da coletividade da vida à qual pertencemos. Como resultado, passamos a acreditar de forma equivocada que quanto mais aprendemos sobre o universo, menos relevantes nos tornamos.

Essa narrativa precisa ser rejeitada, tal como Copérnico e os que continuaram o seu trabalho astronômico fizeram, quatro séculos atrás, rejeitando a centralidade da Terra. Toda história é um espelho de quem a conta, desde a escolha das palavras aos valores implícitos no desenrolar da narrativa. Após Copérnico e o Iluminismo do século XVIII, nossa história passou a ser a história da nossa pequenez, a história niilista de um mundo perdido na vastidão assombrosa do cosmo. Quanto mais a ciência avançou, mais formalizada foi ficando, afastando-se cada vez mais da filosofia e da religião. Essa valorização da razão foi essencial para o sucesso da ciência que, como sabemos, forjou a tecnologia moderna e o mundo industrial e mecanizado em que vivemos. A ciência necessita de uma linguagem universal e objetiva, com base em dados e hipóteses, desligada (ao menos em princípio) de considerações morais ou espirituais. Quando cientistas discutem uma questão científica com seus colegas, não importa se são religiosos ou em que partido votam. Não vamos aprender se um cientista é ou não uma pessoa espiritualizada lendo seus artigos científicos. Einstein, por exemplo, acreditava numa espécie de panteísmo racional, numa inteligência oculta na natureza que comparava à visão místico-racional de Espinosa. Mas não encontramos qualquer menção disso em seus artigos dirigidos à comunidade científica.

O ponto, aqui, é que a nossa história não é apenas uma narrativa científica. A história de quem somos abrange muitas vozes, muitas culturas e saberes. É claro que não podemos negar a vastidão do universo, com centenas de bilhões de galáxias, e o fato de o nosso planeta ser apenas um mundo dentre tantos outros. Mas essa descrição, com base no conhecimento astronômico moderno, é apenas parte da nossa história. Porque foi nesse pequeno mundo que a vida não só surgiu como evoluiu para gerar uma espécie capaz de se questionar sobre as suas origens, sobre o seu destino, uma espécie que não se contenta apenas em comer e se reproduzir, mas que nutre anseios e questionamentos espirituais profundos. O fato de existirmos neste vasto universo é o grande mistério.

Nossas descobertas científicas informam nossa visão de mundo mas, por si só, não devem nos definir. Fazemos parte de uma teia de saberes que, quando vistos em conjunto, oferecem uma nova perspectiva de quem somos e de como a história do nosso planeta e da nossa existência precisa ser contada daqui para a frente. Só assim poderemos redefinir nossa identidade cósmica e reorientar o nosso futuro enquanto espécie. E dada a situação crítica do nosso projeto de civilização, esse reposicionamento tem grande urgência. Na nova visão pós-copernicana e pós-iluminista que iremos examinar, a ciência se entrelaça com o nosso questionamento existencial para redirecionar o nosso futuro coletivo. O primeiro passo é simples: precisamos olhar para o universo com novos olhos.

PARTE II
MUNDOS DESCOBERTOS

3
A dessacralização da natureza

> *O eterno silêncio desses espaços infinitos me enche de angústia.*
>
> — Blaise Pascal, *Pensamentos*

Primeira transição: como a Terra perdeu o seu encantamento

Antes de a nossa visão do céu ter sido amplificada por telescópios, ou de sermos capazes de pousar na Lua ou de enviar espaçonaves aos confins do sistema solar, nossa imaginação era o instrumento que usávamos para explorar a vastidão do espaço e sonhar sobre o que seria possível em outros mundos. Quando era criança, costumava passar os verões na casa de meus avós em Teresópolis, perto do Rio de Janeiro, circundada por montanhas dramáticas, com nomes como Pedra do Sino e Dedo de Deus. A casa de meus avós era um lugar mágico, repleto de flores e frutas, insetos por toda parte, um refúgio verde longe do barulho, da poluição e do burburinho da cidade grande. Nesses jardins plantados por mãos humanas, a natureza nunca se deu por vencida, desafiando sem tréguas os planos de meu pai de controlar o caos botânico, criando uma ordem simétrica e aprazível aos olhos. Apesar de seus esforços, as plantas insistiam em crescer fora dos perímetros marcados, improvisando conexões entre a elegância dos lírios e a simplicidade das margaridas, ou entre a nobreza das rosas e a trivialidade de uma imensa diversidade de matinhos humildes, a força da vida sabotando as ambições humanas de controle.

A exuberância da vida nos trópicos me lembra das frases melódicas de uma composição sinfônica, onde cada instrumento tem um papel que parece só seu, mas que é parte de um propósito maior, só revelado em sua plenitude quando as notas soam juntas, criando uma mensagem que, mesmo sem palavras, mexe com nossa essência mais profunda. Uma floresta tropical é uma gigantesca exploração do que é biologicamente possível, que se manifesta por meio de fungos, animais e plantas. Na época, não me dava conta de que minhas coleções de besouros, borboletas e aranhas, e meu interesse em identificar e catalogar a incrível diversidade de pássaros, de morcegos e de sapos eram atos de devoção; que aquele pequeno pedaço do planeta era o meu templo, um portal para celebrar a natureza como uma entidade viva e, portanto, sagrada. Essas são as memórias mais felizes da minha infância.

Alguns anos após o falecimento de meus avós, a casa foi vendida. A primeira coisa que os novos donos fizeram foi cortar os pinheiros e as magnólias para criar mais espaço. Foi como se tivessem cortado um pedaço do meu coração. Passado meio século, esse ato de violência ainda me deixa profundamente triste.

O ar era mais puro então, e as noites sem Lua, mais escuras, sem tanta interferência de luzes artificiais. Nas noites quentes de verão, eu e meus primos deitávamos na grama úmida de orvalho, maravilhados com o espetáculo dos céus estrelados. Afinal, fazemos parte da geração que testemunhou, ainda criança, o primeiro pouso na Lua, ao qual assistimos, incrédulos, com os olhos grudados na TV preto e branco do meu tio: os primeiros passos de um ser humano em outro mundo. Por bilhões de anos, a vida na Terra evoluiu sem poder imaginar sair da atmosfera. Mas agora, pela primeira vez na história do nosso planeta, uma forma peculiar de vida se lançou ao espaço, em busca de suas origens cósmicas. Naquele dia de 1969, o universo ficou um pouco menor. Se a imaginação e a ingenuidade humana podiam nos levar ao nosso satélite a 384 mil quilômetros de distância, aonde mais poderíamos ir? O céu não era mais o limite. Horas se passavam enquanto eu e meus primos contávamos estrelas cadentes, nos perguntando se outras criaturas viviam em mundos distantes e nos observavam, na esperança de, como nós, não estarem sozinhos no universo. Até hoje me faço a mesma pergunta.

Somos animais sociais; não nos damos bem com a solidão. Para encontrarmos propósito na vida, precisamos pertencer a grupos que nos dão um senso de identidade. De certa forma, vivemos nossas vidas em função desses grupos, que se expandem concentricamente da família aos amigos, das escolas aos clubes e ao trabalho, das igrejas à diversas comunidades e, de lá, ao estado e ao país em que vivemos. Continuando nessa expansão, o último desses círculos comunitários, que ainda não é muito presente na nossa percepção de quem somos, é a coletividade da vida, que engloba o planeta como um todo. Mesmo que o nosso foco esteja mais voltado para uma ou duas dessas comunidades, nossas vidas são a soma das ações e do engajamento que temos em todas elas. Ao expandir nossa presença, da comunidade que nos é mais íntima ao planeta como um todo, ganhamos uma nova perspectiva, a de pertencer a uma comunidade global, de sermos cidadãos do mundo. A alternativa, como vemos todos os dias, é a negligência do planeta, o abuso de seus recursos naturais e das formas de vida com quem coexistimos. "Coexistir" é fundamental aqui. Um planeta doente não pode sustentar vida saudável. Se maltratamos nossos familiares, ficamos sem família. Se maltratamos nossos amigos, ficamos sem amigos. Se maltratamos nossas comunidades, ficamos isolados. E, se maltratamos o nosso planeta, ficamos sem um planeta; ou ao menos sem um planeta habitável por seres humanos.

O senso de pertencimento e de propósito que grupos oferecem faz parte da nossa herança evolucionária. Precisamos que outros integrantes do grupo nos reconheçam como membros dignos de sua companhia. Isso ocorre, por exemplo, em grupos religiosos, quando pessoas que vão à igreja ou ao templo se reconhecem como integrantes que compartilham a mesma fé. Esse é, também, o caso de comunidades não religiosas (ou "seculares"), em que membros se sentem unidos por um senso de missão ou de propósito comum. Isso é tanto verdade para torcedores de um time de futebol quanto para integrantes de movimentos de proteção ambiental. Quando fazemos parte de um grupo, nos sentimos protegidos, e ganhamos força ao compartilhar o mesmo senso de propósito. O desafio de nossa época é saber como expandir esse senso de propósito para abranger o grupo que inclui todos os outros grupos, a coletividade da vida na Terra.

O desafio é grande, sem dúvida, visto que não costumamos pensar no planeta como um todo ou em nós como sendo integrantes de uma coletividade que abrange toda a humanidade, muito menos a vida na Terra. No nosso dia a dia, sentimos fazer parte de uma bolha muito menor do que o planeta inteiro. Essa é uma visão antiquada e equivocada. Como veremos, duas fontes, aparentemente muito diferentes, podem nos guiar nesse novo capítulo para a humanidade. Primeiro, temos muito a aprender com os ensinamentos daqueles que precederam a nossa civilização agroindustrial – as culturas indígenas que, por milhares de anos, consideraram a Terra um lugar sagrado, que deve ser venerado e protegido a todo custo. E, talvez surpreendentemente, podemos aprender com a ciência moderna, combinando os ensinamentos tanto sobre a matéria e suas propriedades atômicas quanto sobre as estrelas e seus planetas, as galáxias e o universo como um todo. Porém, para usufruir da narrativa científica moderna, precisamos redefinir o seu foco: não mais vendo a ciência como um triunfo da humanidade sobre o mundo natural, mas como uma narrativa que situa a humanidade, a nossa existência, na vastidão épica da história cósmica. A história de quem somos pode ser contada de modo muito diferente. Não como uma batalha entre a razão, a fé e a emoção, mas como um casamento entre os três, uma confluência de saberes ancestrais e modernos.

* * *

O nosso apego a comunidades tem suas origens nos nossos antepassados distantes, os caçadores-coletores que precederam a civilização agrária. Possivelmente, essa nossa tendência vem de espécies bípedes anteriores à nossa, dos australopitecos aos neandertais. Graças ao nosso córtex frontal, o que nos diferencia dessas outras espécies é uma capacidade amplificada de pensar simbolicamente e de representar esses pensamentos por meio de linguagem e arte. Essa capacidade nos permite mapear o mundo tanto de forma concreta quanto de forma abstrata. Nós identificamos forças e tendências que podemos controlar (como o fogo) e outras que não podemos (como a passagem do tempo ou uma erupção vulcânica). Para nossos ancestrais, estes eram os dois únicos aspectos da realidade: caçar, catar frutas de árvores, fazer fogueiras, ter filhos, explorar novas áreas em busca de água e de proteção, a vida em si; e aquilo além de seu controle, as forças misteriosas por trás dos fenômenos naturais, como o ciclo do dia e da noite, a violência das tempestades, o mistério dos eclipses e das estrelas cadentes, o estranho ímpeto que todas as criaturas vivas têm de permanecer vivas, de se reproduzir.

De forma a exercer algum controle sobre essas forças misteriosas, nossos antepassados erigiram uma ponte entre o concreto e o abstrato que conectava o real e o mágico no mundo. Para eles, a natureza era uma entidade divina, repleta de espíritos tão reais quanto as montanhas, os lagos, as florestas, as cachoeiras e os animais com quem dividiam a terra em que viviam. Assim como faziam havia milênios, tradições indígenas pelo mundo inteiro tratam as florestas, os vales, as montanhas e os rios como parentes, seus tios e tias, e a terra como a sua mãe. Os mortos continuam presentes, invisíveis aos olhos, mas não ao coração. Essas comunidades respeitam o mundo natural como membros de suas famílias.

O laço profundo e inseparável entre os humanos e a natureza é a raiz da identidade cultural indígena, o que define, portanto, o seu universo moral. As plantas e os animais têm o mesmo direito à terra que o homem. Não estamos acima ou abaixo dos animais. Para as culturas indígenas, a ideia central é de *pertencimento*: nós e todas as criaturas vivas fazemos parte da terra, que é sagrada. A terra não pertence às pessoas; as pessoas pertencem à terra. Essa hierarquia moral – a natureza acima dos homens – define como as culturas indígenas se relacionam com a natureza. Esse respeito profundo e o senso de pertencimento ao mundo natural são o exato oposto da objetificação crescente da natureza que se deu com a difusão das comunidades agrárias pelo globo.

O líder indígena e ativista Ailton Krenak disse isso claramente:

Fomos, durante muito tempo, embalados com a história de que somos a humanidade e nos alienamos desse organismo de que somos parte, a Terra, passando a pensar que ele é uma coisa e nós, outra: a Terra e a humanidade. Eu não percebo que exista algo que não seja natureza. Tudo é natureza. O cosmo é natureza. Tudo em que eu consigo pensar é natureza. [...] Desde muito tempo, a minha comunhão com tudo que chamam de natureza é uma experiência que não vejo ser valorizada por muita gente que vive na cidade. Já vi pessoas ridicularizando: "ele conversa com árvore, abraça árvore, conversa com o rio, contempla a montanha", como se isso fosse uma espécie de alienação. Essa é a minha experiência de vida.[1]

Quando a sua família é o mundo, você nunca está sozinho.

Para alimentar os seus membros, sociedades agrárias se apossam de um pedaço de terra. A terra passa a ser propriedade dos homens, "um pedaço do mundo que é meu". Com isso, a hierarquia moral indígena é invertida – agora são os homens acima da natureza.[2] Se a terra é fértil e o plantio bem-sucedido, a comunidade cresce e, com ela, a necessidade de se implantar regras de comportamento para garantir a ordem social. Essas regras são implementadas em caso de discórdia e conflito. Qualquer que seja seu tamanho, todo grupo de humanos precisa de estruturas legais. Com o crescimento do número de habitantes nessas comunidades agrárias e, inevitavelmente, dos conflitos entre eles, foram criadas forças de controle.[3] A autoridade com poder sobre essas forças tinha que ser absoluta, de cima para baixo, independentemente de opiniões de indivíduos. Mas como justificar a necessidade desse tipo de autoridade? A solução foi romper o laço ancestral e sagrado entre as pessoas e a terra em que viviam. Nas cidades cada vez maiores, não existia espaço para os espíritos das florestas, das cachoeiras, das montanhas e dos céus. As muralhas circundando as cidades "protegiam" seus habitantes não só de invasores humanos como também de predadores indesejáveis e de criaturas mágicas. A natureza e seus mistérios ficavam do lado de fora. Para assegurar o controle, o líder tinha que ter uma autoridade acima de qualquer disputa pelo poder, muitas vezes sancionada pelos deuses. Quanto mais poderosos os deuses, mais poderoso o líder que os representava no mundo dos mortais. "O meu rei é mais poderoso do que o seu porque o meu deus é mais poderoso do que o seu", como vemos em vários relatos no Antigo Testamento, por exemplo, na disputa entre Moisés e o faraó.

O advento das religiões organizadas – tanto politeístas quanto monoteístas – criou uma separação profunda entre o nosso mundo, o mundo natural que habitamos, e o mundo dos deuses, elevado ao "sobre-natural", ou seja, além do mundo natural. As leis sociais e naturais que funcionavam aqui não existiam na dimensão divina. Os limites do tempo e do espaço, a nossa mortalidade e as dificuldades de nos locomover pelo mundo cobrindo suas distâncias e seus obstáculos não afetavam os deuses, que existiam acima da natureza. Os soberanos eram os seus emissários, o seu poder justificado pela autoridade divina. Dentre os muitos exemplos ao longo da história, assim acreditava o imperador romano Constantino, o Grande e até mesmo, no início do século XVII, o rei francês Luís XIV – o "Rei Sol". Algumas culturas iam ainda além. No Egito Antigo, o faraó era considerado um deus. Mesmo quando o rei ou a rainha não era um deus, alianças entre o Estado e a Igreja forjavam uma estrutura rígida de poder que, dentre várias consequências, separava cada vez mais a sociedade de sua relação espiritual com o mundo natural. A espiritualidade deixou de expressar o nosso pertencimento ao mundo natural para se tornar um ato de fé dirigido a deuses abstratos e remotos, longe da dimensão humana.

Enquanto os deuses deixavam o mundo dos vivos, as sociedades agrárias mais bem-sucedidas se transformaram em cidades cada vez mais populosas e havia menos natureza dentro de suas fronteiras. Ao seu redor, fazendas produziam o que podiam para suprir a demanda urbana, enquanto as cidades abriam suas praças para a troca e venda de mercadorias e artesanato. Fora das cidades, as regiões ditas "selvagens" delimitavam onde a selva se transforma em perigo, as terras sem controle onde predadores ameaçavam a nossa existência, regiões que precisavam ser evitadas, exploradas ou destruídas. Aos poucos, o vínculo sagrado entre os humanos e o mundo natural foi se transformando num conflito aberto. A natureza, antes vista como sagrada, como nossa generosa mãe deusa, se tornou, nossa inimiga. As religiões ancestrais que veneravam o mundo natural foram consideradas pagãs e pecadoras. Para piorar, com a expansão do colonialismo europeu, rotulou-se as religiões nativas como "primitivas" e os seus seguidores de "selvagens". Na visão colonialista, ser civilizado era ser europeu, e "civilizar" alguém significava escolher entre a conversão ao cristianismo ou a morte. O "grande diálogo", usando a expressão inspiradora do padre católico e ecoteólogo Thomas Berry, não era mais entre os homens e a natureza, mas entre os homens e um Deus ausente.[4]

Com a ascensão das religiões monoteístas, a redenção e a espiritualidade buscadas pelos crentes viraram abstrações distantes do mundo natural. O mundo natural perdeu o seu encanto. Deus existia num patamar inatingível, nos confins do Firmamento. A prece e o ritual eram tentativas de relacionamento com o domínio de Deus e seus Eleitos, enquanto a terra, a floresta e os seus mistérios passaram a ser associados cada vez mais com a escuridão e o decaimento, a residência dos pecadores, das tentações da carne, da sedução por espíritos perversos.

O senso de comunhão com o divino, antes horizontal, concreto e parte de uma conexão espiritual com o mundo natural ao qual todos pertencemos, tornou-se vertical e abstrato, ancorado na crença sobrenatural em um domínio divino celestial, a morada de Deus, distante da condição humana, das dificuldades e dos desafios de existências escritas em carne e sangue num mundo hostil. Santo Agostinho e outros teólogos católicos completaram a transição no século V. Como as dificuldades de uma vida na Terra podem competir com as promessas de uma existência eterna no Paraíso? Mesmo aqueles que iam contra as doutrinas da Igreja, como os patriarcas e matriarcas do deserto, e os ascetas e os místicos eremitas, iam para a natureza buscar uma comunhão com um Deus abstrato e distante. Milagres passaram a simbolizar rupturas com o que era fisicamente possível, breves intervenções divinas na Terra, sempre de uma distância sobrenatural e intangível.[5] Os deuses abandonaram a terra e o planeta perdeu sua mágica.

Segunda transição: de um mundo fechado a um universo infinito

A Igreja incorporou o modelo cósmico aristotélico e seu mapa que dita os lugares dos homens e o lugar de Deus. Isso faz sentido, dado que Aristóteles propôs uma divisão absoluta entre o que acontece aqui na Terra – o domínio terrestre – e o que acontece da Lua para cima –, o domínio celeste. Segundo ele, a matéria, composta pelos quatro elementos básicos, existe apenas aqui, juntamente com as suas transformações e combinações. A Lua e todas as outras luminárias celestes são eternas e imutáveis, compostas de uma quinta substância, o éter. A Terra é circundada por oito esferas: uma para a Lua, outra para o Sol, cinco para os planetas visíveis e uma carregando as estrelas. Para além das estrelas, o Movedor Imóvel dá origem a todos os movimentos que ocorriam no cosmo a partir da nona esfera, o *Primum Mobile* ("primeiro movimento").

A última esfera, o Empíreo, é a morada de Deus e seus Eleitos, onde Dante Alighieri localizou o Paraíso. O cosmo cristão medieval era fechado, estático e esférico.

Essa estrutura rígida começou a colapsar quando Copérnico propôs o seu modelo heliocêntrico. Como vimos, no início poucos deram credibilidade a isso. Mas um século após a publicação de *Sobre as revoluções das esferas celestes*, Kepler, Galileu, Descartes e Newton completaram a transição do cosmo geocêntrico ao heliocêntrico, forçando o abandono das ideias aristotélicas e inventando uma nova física.

Como era de se esperar, a remoção da Terra como o centro da Criação causou grande confusão, tanto na teologia quanto na ciência. Mas, ao contrário do que muitos pensam, a Igreja não condenou as ideias de Copérnico, ao menos não em um primeiro momento.[6] Essa honra trágica pertence ao frade dominicano Giordano Bruno, que defendeu abertamente o copernicanismo desde a década de 1580, ecoando Epicuro ao sugerir que as estrelas eram outros sóis rodeados por planetas, muitos deles repletos de vida como na Terra. Bruno era um visionário combativo e ambicioso, que sonhava em unir as várias facções cristãs adicionando elementos de misticismo hermético ao conflito entre a Reforma e a Contrarreforma. Os resultados foram desastrosos. Bruno não apenas defendeu Copérnico, como também criticou a Igreja, além de negar a danação eterna, a existência da Santíssima Trindade e a virgindade de Maria. Após oito anos de processos na corte da Inquisição do Vaticano, Bruno foi condenado por heresia e queimado vivo na praça Campo de' Fiori, em Roma. Visitantes da praça e de seu mercado famoso não podem evitar a estátua sombria erigida ao frade, hoje celebrado como um mártir da liberdade intelectual. Na base da estátua lemos a inscrição:

A BRUNO – O SÉCULO QUE PREVIU – AQUI ONDE A ESTACA ARDEU.

Dado esse antecedente trágico, em 1633 Galileu decidiu preservar a sua vida e oferecer seu perdão ao tribunal da Inquisição por ter se posicionado a favor das ideias copernicanas, o que o poupou da tortura e da estaca. Como punição, recebeu uma pena de prisão domiciliar e prece diária pelo resto de sua vida (já tinha quase 70 anos). Uma de suas duas filhas, ambas freiras, se incumbiu de rezar no lugar do pai. De casa, em silêncio, Galileu continuou suas pesquisas e produziu mais um livro sobre os fundamentos da física, que seus discípulos conseguiram exportar para fora da Itália, driblando as garras da Inquisição. Graças a Galileu, o estudo das leis matemáticas que regem o movimento dos objetos na Terra e as observações dos fenômenos celestes através de telescópios revolucionaram o conhecimento científico, abrindo as portas para uma nova ciência, forçando o abandono (mesmo que lento) da visão de mundo aristotélica.

Nesse meio-tempo, em Praga, Kepler estabelecia as três leis matemáticas do movimento planetário, combinando teoria com as observações astronômicas precisas de Tycho Brahe. A partir daí, o sistema heliocêntrico foi encarado como um arranjo inevitável do cosmo. O que para os gregos foi objeto de argumentação filosófica passou a ser o estudo científico da realidade física, sujeito a dados e análise quantitativa.

Aos poucos, esse feito intelectual ímpar foi diluindo o aspecto sagrado que nossos antepassados atribuíam ao planeta, agora um mundo como tantos outros, girando em torno do Sol. Do ponto de vista astronômico, a Terra não tinha nada de especial. A religião amplificou ainda mais essa posição, uma vez que nossa presença aqui tornava o planeta ainda menos atraente, em função de nossa atração pelos prazeres da carne e bens materiais. Um planeta ordinário habitado por pecadores não podia mesmo ser muito mágico.

As primeiras décadas do século XVII foram um período de transição, em que esse novo papel da Terra era contrabalançado pela crença num universo finito, circundado pela esfera do Empíreo: a morada de Deus, sempre presente, apesar de distante. O conflito entre as várias facções do cristianismo tornava essa visão de mundo ainda mais confusa. Enquanto os católicos acreditavam que Deus podia agir no mundo por meio de milagres, protestantes acreditavam apenas nos milagres do Novo Testamento. Já os judeus acreditavam nos milagres do Antigo Testamento. Apesar dessas diferenças, em todas as fés monoteístas o afastamento de Deus do mundo era acompanhado da fé em sua presença abstrata – na sua omnisciência e omnipresença. Assim acreditava a maioria absoluta dos europeus da época. Já a maior parte das culturas indígenas espalhadas pelo mundo considerava a natureza, em si, algo divino e nossa presença no mundo, um privilégio digno de nossa reverência e devoção. Nessas culturas não existia uma separação entre o mundo dos vivos e o dos espíritos. Pelo visto, a fé se faz necessária em religiões nas quais os deuses não fazem parte do mundo dos vivos, existindo em um domínio abstrato além da realidade física.

Foi então que algo de extraordinário aconteceu: Isaac Newton. Nascido em 1642, o ano em que Galileu morreu, Newton logo se tornou o líder da nova ciência. Diferentemente de Galileu e Kepler, Newton entendeu que a física que rege os movimentos celestes e os movimentos terrestres era essencialmente a mesma. A gravidade, em particular, era a grande unificadora, a força responsável pela queda dos objetos na Terra e pelas órbitas dos planetas em torno do Sol, incluindo o nosso.[7] A gravidade era, também, a responsável pelas marés, pelas órbitas dos cometas (incluindo o famoso cometa de Halley, colega de Newton), pela rotação da Terra em torno de si mesma como um pião, inclinada por um ângulo de 23,4 graus (que causa a precessão dos equinócios), e pela sua forma ligeiramente oblata (achatada nos polos). A gravidade, segundo a teoria de Newton, era o grande escultor universal, agindo (muito fracamente) entre grãos de areia numa praia, definindo órbitas planetárias e mesmo o giro das estrelas numa galáxia. Na teoria de Newton, a gravidade engloba todo o universo, onipresente. O que muita gente não sabe e as escolas não ensinam é que, para Newton, a gravidade era inseparável de Deus.

Sendo um teísta, Newton via Deus como imanente ao mundo, e sua omnipresença garantia a estabilidade de toda a Criação. Todo objeto com massa atrai qualquer outro objeto com massa. Você atrai a galáxia Andrômeda e ela atrai você. A gravidade conecta tudo que existe, mesmo que essas conexões se enfraqueçam com o quadrado da distância. Você e Andrômeda estão conectados gravitacionalmente, mas o efeito é tão fraco que pode ser desprezado. Mesmo assim, os braços da gravidade se estendem pelo espaço para abranger tudo que existe no cosmo, definindo até mesmo a forma do próprio universo.

Sua visão de mundo combinava ciência e magia, mesmo que, na prática, e entre seus colegas cientistas, Newton fosse bastante cauteloso em distinguir os dois. Quando se calcula a influência da órbita de Saturno na de Júpiter, não existe lugar para especulações de natureza teológica; apenas a aplicação do cálculo diferencial e integral pode resolver as equações da física e determinar o resultado. Newton deixou claro que sua filosofia natural (a sua física) tinha um explícito caráter quantitativo, seguindo uma metodologia estritamente científica, na qual qualquer hipótese precisa ser validada experimentalmente para ser considerada uma explicação viável de um fenômeno observado. Vemos um exemplo dessa atitude em sua famosa afirmação "não suponho nenhuma hipótese", que aparece no Escólio Geral (uma espécie de epílogo), publicado na segunda edição (1713) de sua obra-prima, *Os princípios matemáticos da filosofia natural* (conhecida como *Principia*):

> Até aqui explicamos os fenômenos dos céus e de nosso mar pelo poder da gravidade, mas ainda não designamos a causa desse poder. É certo que ele deve provir de uma causa que penetra nos centros exatos do Sol e planetas, sem sofrer a menor diminuição de sua força [...] Mas até aqui não fui capaz de descobrir as causas dessas propriedades da gravidade a partir dos fenômenos, e não suponho nenhuma hipótese: pois tudo que não é deduzido dos fenômenos deve ser chamado uma hipótese; e as hipóteses, quer metafísicas ou físicas, quer de qualidades ocultas ou mecânicas, não têm lugar na filosofia experimental [...] E é

suficiente que a gravidade de fato exista e atue de acordo com as leis que determinamos, sendo suficiente para explicar todos os movimentos dos corpos celestes e do nosso mar.[8]

Newton estava ciente de que a sua teoria da gravitação era capaz de descrever uma série de fenômenos naturais, tanto na Terra quanto nos céus. Mas ele confessou não entender a causa da gravidade, ou seja, o motivo da atração entre dois objetos com massa. Muito sabiamente, preferiu "não supor hipóteses" que sabia não poder justificar a partir do método científico, "pois tudo que não é deduzido dos fenômenos [...] não têm lugar na filosofia experimental". Newton deixou claro: se não é possível testar uma hipótese, a teoria fundamentada nela não tem valor científico.

Lendo isso, parece que Newton tinha uma posição bastante firme com relação a especulações. Mas veja como ele qualificou os tipos possíveis de hipóteses: "[...] quer metafísicas ou físicas, de qualidades ocultas ou mecânicas." Ele parece dizer que existem outros tipos de explicação além do científico; explicações metafísicas, saberes ocultos. Esses tipos de explicação não tinham um lugar na sua "filosofia experimental", mas sem dúvida em sua mente.

De fato, cinco anos após ter publicado *Principia*, Newton trocou correspondência com Richard Bentley, um teólogo da Universidade de Oxford que queria usar as ideias de Newton sobre a gravidade para provar a existência de Deus. Sendo um teísta (alguém que acredita que Deus existe e atua no mundo), Newton foi bastante receptivo. Ao perguntar a Newton sobre a natureza da gravidade, Bentley obtev a seguinte resposta:

> É inconcebível que a matéria bruta inanimada possa (sem a mediação de algo que não seja material) operar sobre outra matéria e afetá-la sem contato mútuo; como deve ser o caso se a gravitação, no sentido de Epicuro [atomismo], for essencial e inerente à matéria. E essa é a razão pela qual eu não gostaria que você associasse a mim a ideia de

gravidade inerente. Que a gravidade seja inerente, inata e essencial à matéria, de forma que um corpo possa operar sobre outro a distância, através do vácuo, sem a mediação de algo capaz de transmitir sua força mútua, é, para mim, tal absurdo que eu não acredito que um homem competente em matérias filosóficas possa acreditar nisso. O poder da gravidade deve ser causado por um agente de acordo com certas leis, mas se esse agente é material ou imaterial é uma questão que eu deixo para a consideração de meus leitores.[9]

Será que a gravidade é mediada por um "agente imaterial"? Newton segue explicando que para a gravidade agir a distância, como é o caso entre o Sol e a Terra, e ainda assim ser consistente com o atomismo de Epicuro (objetos só podem influenciar outros por meio de colisões), teria que ser por intermédio de um agente agindo através do espaço. Ele deixa seus leitores escolherem o tipo de agente (material ou imaterial) que poderia fazer tal coisa, abrindo as portas para um elemento mágico na realidade física. Mais tarde, no Escólio Geral de *Principia*, Newton atribui o esplendor da ordem cósmica "a uma entidade inteligente e poderosa", argumentando que "a diversidade das coisas não pode surgir de uma causa metafísica sem propósito, que precisa ser a mesma sempre e em todos os lugares. A diversidade das coisas criadas, cada uma em seu momento preciso, só pode ter emergido a partir das ideias e da intenção de um Ser que necessariamente existe".[10]

Newton escreveu para Bentley explicando que "esse Ser é um mestre da Mecânica e da Geometria".[11] Deus, portanto, era o Arquiteto Cósmico, uma representação do demiurgo de Platão adaptada ao pensamento do século XVII. Bentley prossegue, perguntando a Newton como um universo finito e esférico, em que estrelas se atraem gravitacionalmente, não colapsa numa grande bola no seu centro – ou seja, o que dá estabilidade ao universo? Em sua resposta, Newton introduz uma ideia revolucionária. O universo, sugere, deve ser *infinito*. Sendo assim, todo objeto é atraído em todas as direções e as atrações se cancelam. Portanto, como num cabo de guerra em que os dois times se equilibram e ninguém se move, as estrelas ficam no mesmo lugar. Ademais, continuou, Deus deve intervir no universo com frequência para garantir essa estabilidade. Por exemplo, se um cometa passa perto de Saturno, o sistema solar não entrará em colapso porque Deus reposiciona os objetos celestes nos seus lugares. Para Newton, a existência do universo e sua longevidade eram provas de uma arquitetura divina realizada por um Deus presente. Como escreveu o famoso economista e historiador de ideias, o inglês John Maynard Keynes, "Newton não foi o pioneiro da Idade da Razão, mas o último dos mágicos".[12] A partir de sua ciência, Newton foi um peregrino da mente dedicado a decifrar os planos de Deus para o universo.

Ele era uma ponte entre duas visões de mundo profundamente diferentes: em uma delas, a mágica faz parte da realidade e, na outra, não existe mágica, apenas matéria seguindo leis naturais e matemáticas. O sucesso espetacular de sua ciência inspirou a chamada Idade da Razão, ou Iluminismo, fundamentada numa visão materialista e racional da realidade que definia não só como a ciência deve funcionar, mas também como as pessoas devem se relacionar com o mundo natural. O teísmo de Newton – um Deus omnipresente – cedeu lugar ao deísmo um Deus que criou o universo e suas leis, mas que não interfere na realidade. Ironicamente, a precisão da ciência newtoniana exorcizou a necessidade de um Deus que intervém continuamente no mundo. Dali em diante, a missão da ciência era decodificar a mecânica precisa que determinava o funcionamento da realidade física, composta de objetos materiais sujeitos a forças atrativas e repulsivas agindo entre eles. Após Newton, a natureza perdeu a sua alma.

Sem deuses para protegê-la, a natureza foi dessacralizada e virou um objeto, uma comodidade a ser usada e explorada para o ganho financeiro. Em uma das maiores hipocrisias da história, o homem do oeste, supostamente civilizado e racional, dizimou sistematicamente as comunidades indígenas das Américas, da África e do Pacífico que ousaram resistir ao seu domínio colonial, tachando-as de "selvagens" e "primitivas". A Revolução Industrial, alimentada pela extração de recursos naturais, usou as novas tecnologias das máquinas a vapor para acelerar cada vez mais o crescimento econômico. Quanto maior a gana pelo progresso e pelo ganho material, maior a devastação ambiental. Enquanto a mineração comia as entranhas do planeta, na superfície, florestas inteiras eram destruídas e rios e oceanos eram poluídos com impunidade. A natureza perdeu a sua voz e a distância entre os humanos e suas raízes naturais cresceu. O que antes era um domínio sagrado virou alvo de exploração e de oportunismo econômico pelo "homem civilizado". O Iluminismo, apesar de ter inspirado grandes descobertas e inventividade, foi também a era que amplificou a falência moral da sociedade ocidental, transformando a razão em uma arma de destruição ambiental.

4

A busca por outros mundos

> Seria muito estranho se a Terra fosse
> tão plena de vida e os outros planetas fossem
> mundos mortos; pois você não deve pensar que vemos
> todos que aqui habitam. Existem tantas espécies de
> animas invisíveis quanto de animais visíveis.
> – Bernard Le Bovier de Fontenelle,
> *Conversas sobre a pluralidade dos mundos*

A incrível variedade de mundos

Muitos humanistas europeus protestaram contra a objetificação da natureza inspirada pelo Iluminismo pós-newtoniano. O movimento romântico se posicionou radicalmente contra os exageros da razão, pregando uma reconexão com o mundo natural. Na Inglaterra, os poetas William Wordsworth e Samuel Taylor Coleridge se exilaram na região de Somerset para se reintegrar com a natureza. "Com os olhos acalmados pelo poder silencioso da harmonia e um sentimento de profundo júbilo, vislumbramos a vida que a tudo anima", escreveu Wordsworth em reverência ao mundo natural.[1] Em 1818, Mary Shelley publicou *Frankenstein*, uma meditação gótica sobre os perigos de darmos à ciência a liberdade de agir além do que se deve.

"Vislumbrar a vida que a tudo anima" batia de frente com o maquinário da industrialização e seu apetite crescente por recursos naturais. Os românticos usaram a literatura, a poesia, a música e as artes plásticas para cultivar o que viam como sublime na natureza, buscando "reencantar" o mundo natural. Na Alemanha, com suas sonatas e sinfonias (em particular a Sexta), Beethoven alinhou suas composições magistrais com a beleza que via na natureza. No mesmo ano em que Shelley publicou *Frankenstein*, Caspar David Friedrich pintou *O viajante sobre um mar de névoas*, que se tornou um ícone do romantismo representando a busca por significado a partir da contemplação profunda da natureza e seus mistérios. Como escreveu Robert Macfarlane em *Montanhas da mente*, o quadro de Friedrich "tornou-se e ainda é uma imagem arquetípica do visionário que explora montanhas e lugares exóticos, uma figura emblemática da arte romântica".[2] Apenas nas alturas rarefeitas era possível encontrar a solidão necessária para nutrir o espírito, longe do barulho e das multidões confinadas nas cidades.

Vemos aqui uma conexão entre o que os românticos buscavam na natureza e a espiritualidade ativa das culturas indígenas e de algumas seitas de ascetas pertencentes a religiões monoteístas – a procura de uma comunhão mística com o divino por meio da imersão no mundo natural. O "estar na natureza", a conexão com a terra, com as montanhas, com as florestas, evocava uma emoção profunda de pertencer a algo maior, uma conexão espiritual com o cosmo que transcendia a passagem do tempo.

Para alguns filósofos naturais, a exploração dos céus também inspirava contemplações românticas. No livro III do *Principia*, Newton especulou sobre o caráter cíclico do decaimento e da regeneração da matéria cósmica, ecoando Anaximandro e sua visão de uma natureza em fluxo, com mundos surgindo e desaparecendo eternamente, como vimos no capítulo 2. Na visão lírica de Newton, combinando sua ciência mecanicista com suas explorações alquímicas, a matéria era reciclada nas estrelas, nos planetas e nos cometas. A gravidade, a força unificadora universal, incorporava a presença de Deus no universo, a arquiteta que orquestrava as transformações que ocorriam no cosmo:

> *E os vapores que emergem do Sol, das estrelas fixas e das caudas dos cometas podem, pela ação da gravidade, cair nas atmosferas dos planetas e lá serem condensadas e convertidas em água e compostos úmidos para então – pela ação lenta do calor – serem transformados gradualmente em sais, sulfatos, tinturas, lama, barro, pedras, corais e outras substâncias terrestres.*[3]

Essa descrição de Newton do ir e vir da matéria celeste expressa uma visão orgânica de um universo sempre em transformação. Os cometas eram os viajantes cósmicos que transferiam matéria das estrelas aos planetas. Essa matéria, por sua vez, se transforma quimicamente nas substâncias que, eventualmente, farão parte das criaturas vivas. As órbitas dos cometas, controladas pela gravidade, são as responsáveis por essa troca de elementos e "vapores" que, ao encontrar as condições ideais nos planetas, vão, por intermédio da "ação lenta do calor", gerar as "substâncias terrestres". Com isso, a química responsável pela vida se espalha pelo universo. Combinando sua visão alquímica com sua mecânica celeste, Newton sugeriu a possibilidade de a vida existir em outros mundos.

O refinamento da ciência newtoniana, aliado ao crescente poder de ampliação dos telescópios nos séculos XVIII e XIX, levou a cálculos e descobertas revolucionárias que cimentaram a visão matemática do universo, que passou a ser comparado ao mecanismo de um relógio. Surpreendendo a todos, esse progresso científico levou, também, à descoberta de outros mundos.

O primeiro foi Urano, que William Herschel descobriu após uma série de observações iniciadas no dia 13 de março de 1781, de sua casa em Somerset, que, coincidentemente, não era muito longe das casas de

Wordsworth e Coleridge.[4] Ao contrário do que muita gente pensa, Urano é visível a olho nu. Porém, como é muito difícil de ser observado devido ao seu brilho fraco e movimento lento, Herschel e outros astrônomos a princípio pensaram se tratar de uma estrela. Com observações mais detalhadas, Herschel percebeu que o objeto mudava de tamanho quando ele alterava o poder de ampliação de seu telescópio. Como estrelas estão muito distantes para ter suas imagens modificadas, Herschel sugeriu que o objeto talvez fosse um cometa.[5] A notícia se espalhou rapidamente pela comunidade astronômica europeia; todos queriam decifrar a natureza do novo objeto celeste. Seria um cometa? Talvez um novo planeta? Com muita paciência e observações meticulosas, era possível acompanhar a sua trajetória e, com isso, chegar a uma conclusão. Cometas tendem a ter órbitas elípticas bem alongadas (como o perfil de uma salsicha), enquanto planetas têm órbitas menos alongadas, quase circulares.

O trabalho de um cientista muitas vezes se assemelha ao de um detetive. Como eles, buscamos pistas que nos ajudem a decifrar algum mistério. No início, opiniões tendem a divergir, mas, eventualmente, a partir de uma cuidadosa análise de dados, a comunidade chega a um consenso. E assim foi com Urano. Em 1783, Herschel escreveu ao presidente da Sociedade Real de Ciências: "As observações dos astrônomos mais eminentes da Europa parecem indicar que a nova estrela, que tive a honra de mostrar a eles em março de 1781, é um dos planetas primários do nosso sistema solar."[6]

Urano foi o primeiro "novo" planeta a ser descoberto com um instrumento, um mundo orbitando o Sol após Saturno. É claro que o planeta era novo apenas para os nossos olhos, tendo bilhões de anos de idade tal como os outros planetas do sistema solar, incluindo a Terra. Após milênios de observações celestes exclusivamente a olho nu, cientistas munidos de novos instrumentos começaram a reescrever a narrativa cósmica. Herschel logo entendeu o potencial para grandes descobertas, comparando os céus a "um jardim exuberante com uma imensa variedade de produtos decorando canteiros espalhados pelo espaço".[7]

Logo ficou claro que estrelas e planetas não eram os únicos habitantes dos céus. Charles Messier na França e Herschel na Inglaterra compilaram catálogos de "nebulosas" – objetos brilhantes que, ao contrário de planetas e estrelas, pareciam ser difusos, como nuvens coloridas (daí o nome). Com uma visão mais refinada, astrônomos começaram a vislumbrar uma incrível diversidade de objetos celestes. Esses avanços inspiraram novas perguntas, que aumentaram a popularidade da astronomia e dos astrônomos. George III, rei da Inglaterra, nomeou Herschel astrônomo real, levando-o para viver em Windsor com sua irmã e colaboradora Caroline. Membros entusiasmados da família real e seus convidados apareciam em grupos para vislumbrar os céus nos enormes novos telescópios. O maior deles, um gigantesco refletor construído em 1789, com 12,2 metros de comprimento e um espelho de 1,25 metro de diâmetro, era o maior instrumento científico até aquele momento.[8] A lista de visitantes ilustres incluía Erasmus Darwin (avô de Charles Darwin e um dos primeiros a sugerir ideias sobre a evolução das espécies) e o artista William Blake, todos curiosos para conhecer outros mundos e as maravilhas ocultas nos céus. Os astrônomos eram os novos caçadores-coletores, explorando a expansão sem fim do céu noturno.

O que vemos da natureza é sempre limitado pelo que nossos instrumentos nos permitem ver. Enquanto tivermos curiosidade e o financiamento necessário para a pesquisa, não existe fim para essa exploração do desconhecido.[9] Quando construímos novos instrumentos, apuramos nossa visão do cosmo e, por consequência, a visão de quem somos. Nosso sucesso, porém, não deve nos seduzir a pensar que podemos chegar a uma compreensão completa do mundo, ou que é possível ter uma visão perfeitamente objetiva da realidade. Não existe, pelo menos para nossos olhos humanos, uma visão de mundo perfeita, tal como a que podemos atribuir a Deus. Somos confinados a ver e a compreender o mundo a partir dos confins da nossa mente e do nosso corpo.

O que descobrimos do mundo, a visão amplificada da realidade que podemos perceber com os nossos instrumentos, é sempre limitada pela experiência humana de "estar no mundo". Quando exploramos o muito grande, do sistema solar à cosmologia, ou o muito pequeno, da microbiologia à física das partículas elementares, nossos instrumentos são as pontes entre o visível e o invisível. Eles traduzem aquilo que está além da nossa percepção sensorial em imagens, sons e gráficos que podemos interpretar com nossas mentes. A ciência é um flerte com o desconhecido. Ao expandirmos nossa visão da realidade, devemos sempre manter em mente as nossas limitações e olhar para o mundo com profunda humildade, inspirados pelo mistério que nos cerca.

Outros mundos, outra vida

Com um olhar mais preciso, astrônomos revelaram uma incrível diversidade de mundos e objetos celestes. Equipando seu telescópio com prismas e sensores de temperatura, em 1800 Herschel descobriu um tipo de radiação invisível emanando do Sol, o que hoje chamamos de radiação infravermelha. Herschel desenvolveu um método para medir a temperatura das cores do espectro solar, que incluía luz (ou radiação) invisível aos olhos.[10] Objetos celestes, compreendeu Herschel, brilham em cores com temperaturas diferentes. O Sol, por exemplo, é um grau mais quente no infravermelho do que na luz vermelha. Portanto, objetos celestes como estrelas e nebulosas podem emitir radiação invisível ao olho humano. Herschel inventou uma nova área de estudo em astronomia, a espectrofotometria, transformando o estudo dos objetos celestes e suas propriedades. O instrumento mais avançado da atualidade, o telescópio espacial James Webb, mede radiação principalmente no infravermelho. Com seus instrumentos, busca primeiras estrelas, formadas centenas de milhões de anos após o Big Bang (o que é pouco tempo em cosmologia), e por possíveis sinais de vida (bioassinaturas) nas atmosferas de planetas distantes (exoplanetas), um tópico essencial para o nosso argumento e que exploraremos em detalhe em breve. Com certeza, Herschel apoiaria com muito entusiasmo o nosso interesse pela vida fora da Terra, convicto que era de que a vida existia e era comum em outros mundos.[11]

E ele não era o único. O satirista grego Luciano de Samósata, que viveu no século II d.C., escreveu o que é considerado o primeiro conto de uma viagem até a Lua e além (que ele confessou ser uma mentira elaborada, mas divertida), com direito a alienígenas bizarros e guerras interplanetárias. Como mencionamos no capítulo 1, catorze séculos mais tarde Kepler escreveu "Somnium", conto em que ficcionaliza uma viagem até a Lua. Publicado postumamente, o conto explora a astronomia sob o ponto de vista de um observador em outro objeto celeste, no caso, a Lua. Em particular, a duração dos dias e das noites, a possibilidade de eclipses ou como a Terra aparece vista do espaço.[12] No conto, Kepler especula também sobre as possíveis criaturas que poderiam existir nas condições climáticas que imaginava na Lua. Como vimos no capítulo 1, suas ideias de adaptabilidade a condições adversas anteciparam alguns princípios que Darwin desenvolveu em sua teoria da evolução por seleção natural.

Se a Terra é um planeta comum, a existência de vida em outros mundos passou a ser uma possibilidade perfeitamente normal. Em 1698, Christiaan Huygens, contemporâneo de Newton, publicou *Cosmotheoros*, no qual argumenta que a possibilidade de vida fora da Terra era uma consequência direta do copernicanismo. Segundo ele, planetas têm água, animais e plantas "não exatamente como as nossas [...] mas não muito diferentes". As primeiras frases do livro esclarecem a posição de Huygens, então um dos cientistas mais importantes da Europa:

> *Um homem que compartilha da opinião de Copérnico de que a nossa Terra é um planeta, carregada e iluminada pelo Sol como os outros, não pode deixar de fantasiar que os outros planetas têm suas próprias roupas e móveis e também seus habitantes, tal como aqui na nossa Terra.*[13]

No livro, Huygens menciona seus predecessores, incluindo Luciano, Bruno, Kepler e Bernard Le Bovier de Fontenelle, "aquele brilhante francês, autor de *Conversas sobre a pluralidade dos mundos*". Em 1686, um ano antes de Newton publicar o seu *Principia*, Fontenelle sugeriu as possibilidades que Huygens explorou em detalhe, inclusive os tipos de habitantes que poderiam existir em mundos semelhantes, mas não idênticos ao nosso, que giram em torno de "estrelas fixas" distantes. Como a inteligente protagonista no livro de Fontenelle exclama: "Minha imaginação não pode conter a multidão infinita de habitantes nesses planetas, deixando-me perplexa pela diversidade que deve existir; pois vejo que a natureza, sendo inimiga da repetição, deve tê-los feito todos diferentes."[14]

Tanto Huygens quanto Fontenelle acreditavam que a vida era abundante no universo, experimentando várias configurações para gerar criaturas de todos os tipos. Antes de Newton ter sugerido sua visão de que mundos são renovados por meio da matéria doada pelo ir e vir dos cometas, o filósofo no livro de Fontenelle conjectura: "O universo pode ter sido feito de modo a formar novos sóis de vez em quando. Afinal, a matéria que forma um sol, após ter sido dispersada por várias regiões, pode se reagrupar em outro local e lá gerar um mundo novo."[15]

No final do século XVIII, o copernicanismo havia se firmado na visão de mundo dos cientistas e intelectuais europeus. O instrumento analítico usado era a lógica indutiva: se o sistema solar tem planetas e a Terra é um planeta, é razoável supor que outros planetas terão propriedades semelhantes. Galileu, por exemplo, mostrou que a Lua tem vales e montanhas. Por que não ocorreria o mesmo com outros planetas? E se o Sol é uma estrela e existem incontáveis estrelas nos céus, essas estrelas também devem ter planetas girando à sua volta e, portanto, criaturas vivas, tal como no nosso sistema solar.

Isso parece razoável se nos basearmos apenas no pensamento indutivo, que extrapola dados limitados para o mais geral. Contudo, a indução sempre será limitada pelo que sabemos (e pelo que não sabemos) sobre o mundo natural. Em várias situações bem conhecidas, ao obtermos mais dados, chegamos a conclusões que contradizem o que a indução indica. Como vimos no capítulo 2, durante o século XVII, na Europa, todos acreditavam que só existiam cisnes brancos no mundo, pois eram os únicos encontrados na Europa. Essa conclusão mudou em 1697, quando o explorador holandês Willem de Vlamingh encontrou cisnes negros na Austrália. Qualquer extrapolação baseada em dados limitados é perigosa.

O pensamento indutivo é muito útil, mas deve ser usado com cautela. Hoje sabemos, por exemplo, que a probabilidade de encontrar vida em outros planetas do sistema solar é extremamente baixa, com a possível (mas improvável) exceção do subsolo marciano. Dos oito planetas do sistema solar, quatro são rochosos e quatro são gigantes gasosos – dois tipos de mundos com propriedades extremamente diferentes. Planetas rochosos podem ter certas propriedades geológicas semelhantes às da Terra, como montanhas e vulcões. Mas é essencial entender que cada mundo tem a sua própria história, que depende de sua posição no sistema solar e de uma série de variáveis, que incluem composição química, massa, número de suas luas e densidade e composição de sua atmosfera (se houver). E perceba que todas essas características são variáveis físicas. Quando adicionamos a possibilidade de vida a esse argumento, ou seja, a biologia, as incertezas crescem de forma exponencial. Como veremos na Parte III, usar o pensamento indutivo para especular sobre a possibilidade de vida em outros mundos é uma estratégia equivocada. Com os incríveis avanços da ciência a partir do século XVIII, aprendemos muito sobre outros mundos e suas propriedades. Mas a questão da vida requer muito cuidado, especialmente em relação aos perigos de conclusões obtidas por induções superficiais.

Lições de Vulcan

O poder crescente dos telescópios permitiu que olhos humanos vislumbrassem detalhes cada vez mais precisos de mundos distantes, inspirando especulações do que poderia existir neles. Fontenelle resumiu com maestria a essência de nossa busca pelo conhecimento em todas as suas formas: "Toda filosofia é baseada em apenas duas coisas: curiosidade e miopia [...]. O problema é querermos saber mais do que podemos ver."[16] A tensão entre a nossa curiosidade e a nossa miopia, o fato de que sempre queremos saber mais (o que é muito bom), ainda que limitados pelos instrumentos disponíveis (o que é inevitável), nos inspira a expandir as fronteiras do conhecimento.

Em 1847, Urano havia completado cerca de 80% de sua órbita em torno do Sol após sua descoberta por Herschel em 1781. (Uma órbita completa leva 84 anos.) Astrônomos que seguiam a órbita do novo planeta perceberam certas anomalias e desvios que não podiam ser explicados com a teoria da gravitação de Newton. Até a possibilidade de descartar a teoria foi sugerida. Talvez fosse necessária uma nova teoria da gravidade? No dia 1º de junho de 1845, Urbain Le Verrier propôs à Academia de Ciências da França que os desvios orbitais observados eram causados por outro planeta agindo sobre Urano. Mesmo que não fosse o primeiro a propor isso, seus cálculos matemáticos (extremamente complexos) eram impecáveis. Usando a mecânica de Newton, ele previu, com precisão de um grau, o lugar onde astrônomos poderiam encontrar o suposto novo planeta. (A nível de comparação, a Lua cheia cobre mais ou menos meio grau no céu.) No dia 31 de agosto, Le Verrier apresentou outro artigo à Academia, dessa vez calculando a massa e os detalhes da órbita do novo planeta. Para sua decepção, nenhum astrônomo francês se animou a buscar o novo planeta e confirmar suas previsões. Frustrado, Le Verrier escreveu para Johann Galle, no Observatório de Berlim, na Alemanha. Galle imediatamente instruiu o seu aluno Heinrich Louis d'Arrest a seguir com a busca. Em menos de uma hora, d'Arrest havia encontrado o novo objeto celeste, confirmando a posição prevista por Le Verrier. Após duas noites de observações, Galle e d'Arrest concluíram que o objeto era de fato um novo planeta. "O planeta cuja posição você calculou realmente existe!", escreveu um entusiasmado Galle a Le Verrier.[17] Pela primeira vez na história, uma teoria física usando leis matemáticas dos movimentos celestes previu a existência de um mundo invisível aos olhos.

A previsão de Le Verrier foi um feito extraordinário. Um físico teórico usou papel e lápis para deduzir a existência de algo que ninguém havia visto antes (ao menos na época de Le Verrier; hoje, usamos também computadores poderosos). Em seguida, um observador confirma a previsão e os detalhes das propriedades do objeto. Da mente à realidade. Parece até que somos capazes de "adivinhar" como é o mundo. Mas é importante lembrar que toda teoria nasce de observações ou é inspirada por elas, como é o caso da teoria de Newton. Na verdade, tudo que fazemos em ciência parte da nossa experiência de "estar no mundo". Antes de teorizar, vemos, ouvimos e sentimos. Teorias sempre vêm de observações. Portanto, em vez de afirmar que a descoberta de Le Verrier e tantas outras vêm "da mente à realidade", é mais apropriado dizer que vêm "da realidade à mente, e de volta à realidade".[18] Prever a existência de novos mundos, ou de fenômenos ainda não observados, é o sonho de qualquer físico teórico. Einstein é um exemplo magnífico disso, com suas previsões de que a gravidade encurva a trajetória da luz, de que existem ondas gravitacionais que distorcem a geometria do espaço, de que fótons são partículas de luz; ou as previsões na década de 1960 por Murray Gell--Mann, da existência de partículas conhecidas como quarks no interior de prótons e de nêutrons; ou do bóson, por Peter Higgs, François Englert, Robert Brout, Gerald Guralnik, Carl Hagen e Tom Kibble, partículas que foram descobertas em experimentos posteriores.

Quando é confirmada por observações, concluímos que a previsão de uma teoria tem algo de profundo a dizer sobre a realidade física, como se as nossas ideias, sozinhas, pudessem alcançar uma realidade que existe além dos nossos sentidos. "A eficácia inexplicável da matemática quando aplicada às ciências naturais", ponderou o Nobel de Física (1963) Eugene Wigner, "é algo que se aproxima do misterioso."[19] Isso é verdadeiro apenas em parte. Teorias não surgem do nada; são produto de anos de trabalho firmemente ancorado em observações. Se você trancafiar dez físicos teóricos numa sala sem janelas e desafiá-los a desenvolver uma teoria do mundo externo, é bem provável que o resultado não corresponda à realidade. Não podemos adivinhar o mundo. A ciência, antes de mais nada, vem de nossa experiência (limitada) da realidade.

O sucesso teórico, infelizmente, tende a incluir certa dose de orgulho e arrogância. Na mesma época em que resolvia o mistério da órbita de Urano, Le Verrier também tentava entender anomalias que ocorriam com Mercúrio, cuja trajetória elíptica girava muito lentamente em torno do Sol, como um pião, quase caindo, o que chamamos de precessão. Apesar de seus cálculos meticulosos, Le Verrier não conseguia chegar ao valor observado usando apenas os planetas conhecidos. Como solução, semelhante ao que fez com Netuno, em 1859 propôs que a anomalia extra de 43 segundos de arco na órbita de Mercúrio era causada por outro planeta, localizado entre o Sol e Mercúrio, que chamou de Vulcan.[20]

No final do ano, Le Verrier recebeu uma carta de Edmond Lescarbault, um médico e astrônomo amador, em que dizia que viu o suposto planeta passar na frente do Sol. Quando um planeta passa na frente de uma estrela, pode ser visto de longe como um pequeno disco preto. Esse fenômeno, essencial na busca por exoplanetas, chama-se trânsito planetário. Você pode simular isso passando uma moeda na frente da tela do seu computador. (Em breve teremos muito a dizer sobre os trânsitos.) É fácil, mas raro, observar os trânsitos de Mercúrio e Vênus ao passarem em frente ao Sol. Para que possamos observar um trânsito planetário, o Sol e o planeta devem se alinhar com a nossa linha de visão. Tive o privilégio de observar o trânsito de Mercúrio no dia 11 de novembro de 2019 e o espetacular trânsito de Vênus no dia 6 de junho de 2012. Por sorte, o céu estava nublado e foi possível ver o disco preto do planeta passar em frente ao Sol a olho nu, utilizando apenas lentes protetoras. O próximo trânsito de Mercúrio será no dia 13 de novembro de 2032. Marquem seus calendários! (Já para Vênus, a menos que você seja um ciborgue transumano semi-imortal, ou um leitor do futuro distante, o próximo trânsito será em dezembro de 2117.)

Mal podendo conter seu entusiasmo, Le Verrier anunciou a existência do novo planeta para a Academia Francesa em 1860. Nas décadas que se seguiram, astrônomos de vários países acreditaram ter observado dezenas de "trânsitos", dando ainda mais credibilidade à previsão de Le Verrier. Não demorou muito para as notícias se espalharem, despertando enorme curiosidade. Vulcan virou moda. Entretanto, existe outro método para se confirmar a existência de um planeta entre a Terra e o Sol: observá-lo durante um eclipse total do Sol. Quando a Lua passa na frente do Sol (também um trânsito) e bloqueia completamente o seu brilho, o dia vira noite, as estrelas se tornam visíveis e, com elas, também Mercúrio e Vênus. Astrônomos seguiram inúmeros eclipses solares durante anos à procura do pequeno planeta. Após vários percalços, uma série de observações detalhadas durante a primeira década do século XX não trouxe qualquer indicação da existência de Vulcan. Em 1908, a falta de evidência a favor do novo planeta forçou os cientistas a repensarem a questão da órbita problemática de Mercúrio.[21] Se não era um novo planeta, o que causava os distúrbios na órbita de Mercúrio?

A solução veio em 1915, com a teoria geral da relatividade de Einstein. O avanço de 43 segundos de arco por século (conhecido como "avanço do periélio de Mercúrio") era causado pela curvatura do espaço em torno do Sol. Não era necessário supor a existência de mais um planeta. A nova teoria de Einstein exorcizou vários fantasmas da física, confirmando que, às vezes, se queremos nos aproximar um pouco mais da verdade, precisamos olhar para a natureza de modo diferente e criativo. Diferentemente da teoria de Newton, Einstein mostrou que a gravidade não era uma força que agia a distância, mas sim consequência da curvatura do espaço causada por objetos com massa. As perturbações gravitacionais viajam na velocidade da luz, que é muito rápida, mas não instantânea. Em 1905, com a versão especial de sua teoria, Einstein demonstrou que a luz se propaga no vácuo, no espaço vazio: não há necessidade de se postular um meio material para dar suporte a essa propagação, algo que os físicos do século XIX haviam proposto, o chamado éter, dotado de propriedades extremamente exóticas.[22] O éter, assim como Vulcan, não existe.

Hoje, o planeta Vulcan existe apenas na ficção: é a terra natal do famoso sr. Spock da série *Jornada nas Estrelas*. Apropriadamente, os cidadãos de Vulcan são humanoides com alta capacidade lógica, herdeiros da lógica mecanicista de Le Verrier que levou à previsão da existência de Netuno e de Vulcan. Sendo um híbrido entre um ser humano e um habitante de Vulcan, Spock representa a batalha entre a razão e a emoção, uma caricatura dos conflitos entre o racionalismo extremo dos iluministas e o naturalismo poético dos românticos do século XIX. Curiosos e míopes, nós, humanos, precisamos de ambos, sempre com uma boa dose de humildade para equilibrar nossa tendência à arrogância.

Lições de Marte

Enquanto alguns olhos se voltavam para Vulcan, outros estavam mais interessados em Marte. Em 1877, aproveitando a maior proximidade do planeta vermelho, o astrônomo italiano Giovanni Schiaparelli notou dunas estriadas ao longo da superfície marciana, que descreveu, em italiano, como *canali*. Para alguns cientistas, as longas depressões pareciam formar padrões cuja regularidade não indicava serem consequência de fenômenos naturais. As especulações logo começaram. A palavra *canali* foi traduzida em inglês para *canals*, não *channels*, o que causou ainda mais confusão: um "canal" é construído de forma artificial, produto de uma obra, como o canal de Suez, a maravilha da engenharia da época, finalizado em 1869, apenas alguns anos antes das observações de Schiaparelli. *Channel*, em inglês, representa o leito de um rio, por exemplo. A conclusão era estarrecedora: se canais cruzam a superfície de Marte, devem ter sido escavados propositadamente por uma civilização avançada.

Centenas de canais marcianos foram identificados, recebendo até nomes, mesmo se fossem apenas observados por telescópios, se recusando a aparecer em fotografias tiradas com os mesmos equipamentos. Astrônomos bem conhecidos argumentaram que fotografias precisam de uma exposição longa para ficar nítidas, tornando-as mais sensíveis a efeitos atmosféricos como flutuações térmicas, que acabavam diluindo as imagens dos canais – como quando vemos o ar turbulento sobre o asfalto quente. Seriam esses canais obras de uma civilização antiga e sábia que levavam água das calotas geladas até o equador árido que essa civilização habitava?

Foi isso que o norte-americano Percival Lowell sugeriu em 1895, após ter mapeado a superfície marciana usando o poderoso telescópio de seu observatório privado em Flagstaff, no Arizona. Em seu livro *Marte*, Lowell, o milionário investidor e astrônomo amador publicou seus desenhos reproduzindo o que julgou ver, juntamente com suas especulações sobre vida inteligente, causando enorme comoção. Apenas habitantes inteligentes poderiam ter construído canais. Se a função dos canais era transportar água, a vida em Marte dependia de água para existir. Se a civilização estava à mercê de secas terríveis, os marcianos precisavam encontrar novos mundos com abundância de água. Se nós podíamos "vê-los" com nossos telescópios, eles podiam nos ver também. Se sua civilização era mais antiga do que a nossa, sua tecnologia com certeza seria bem mais avançada. Se nós podemos atravessar nosso planeta em navios, máquinas a vapor e dirigíveis (em 1895), "eles" podiam cruzar o espaço interplanetário em foguetes. Se a civilização ocidental invadiu e colonizou uma fração substancial de nosso planeta, "eles" poderiam vir aqui para nos colonizar.

Em 1897, apenas dois anos após Lowell ter publicado o seu primeiro livro sobre Marte, H. G. Wells lançou *A guerra dos mundos*, o clássico de ficção científica que imaginou uma trágica invasão dos marcianos, que vieram com a intenção de se apossar do nosso planeta. Wells usou os marcianos como metáfora para o futuro da humanidade, na época controlada por impérios ocidentais à beira de um conflito global pela disputa de recursos naturais e territórios. Da mesma forma que a história da vida na Terra mostrou que espécies inteligentes têm poucas chances de coexistir de modo pacífico – e por inteligente, aqui, quero dizer inteligência ao nível humano, capaz de transformar matéria-prima em ferramentas que alavancam o seu progresso –, as tensões entre os vários impérios estavam prestes a explodir em um conflito global. Profeticamente, a Primeira Guerra Mundial começou em 1914, dezessete anos após a publicação da obra de Wells.

No livro, a ciência marciana, muito mais avançada do que a nossa, havia criado tecnologias genocidas, que faziam das nossas armas brinquedos de criança. O que salvou a humanidade não foram atos heroicos ou a criatividade humana, mas a força indiscriminada da evolução por seleção natural, conforme havia proposto Charles Darwin. Sobrevivem as criaturas mais bem adaptadas ao ambiente, incluindo adaptações contra doenças: "[...] os marcianos – *mortos!* – destruídos pelas bactérias putrefatas que causam doenças, contra as quais não estavam preparados [...] foram destruídos, após todos os artefatos humanos terem falhado, pela criatura mais humilde que Deus, em sua sabedoria, pôs no mundo."[23]

Wells compreendeu que a vida se adapta exclusivamente às condições do planeta em que existe. Não há dois planetas iguais. Nem dois planetas com as mesmas propriedades físicas e químicas, com a mesma história geológica, com a mesma sequência de eventos cataclísmicos com impacto global – colisões com outros objetos celestes ou locais, erupções vulcânicas ou mudanças climáticas prolongadas e extremas. Isso significa que mesmo se supormos que a vida começa usando os mesmos ingredientes e processos bioquímicos em todo o universo (algo que discutiremos mais detalhadamente na Parte III), ela não evoluirá da mesma forma. Sem dúvida, alguns tratos evolucionários, como a simetria bilateral – a simetria entre o lado esquerdo e direito que muitos animais terrestres exibem e que otimiza sua habilidade de ver e de se locomover –, podem ser úteis para seres alienígenas. Mas se a vida surge e evolui em outros mundos – e não sabemos se isso é ou não verdade –, com certeza será diferente da vida na Terra. A questão difícil de responder no momento é quão diferente ela pode ser.

Durante as décadas de 1960 e 1970, a Nasa, a agência espacial norte-americana, enviou as sondas dos programas Mariner e Viking para fotografar a superfície marciana. Após circundar o planeta, as sondas não encontraram os canais que Lowell "viu", nem qualquer sinal de uma civilização tecnologicamente avançada, seja no passado ou no presente. Se os cientistas da época já esperavam por isso, os homenzinhos verdes de Marte continuavam a incitar a imaginação popular. Após as missões Mariner e Viking, ficou claro que, se "eles" nos visitaram, vieram de um lugar muito mais distante do que Marte.

O que as sondas encontraram, e que mais tarde foi confirmado pelos veículos de exploração de superfície *Spirit* e *Opportunity*, ativos entre 2010 e 2018, foi uma história geológica muito rica num planeta que hoje é um deserto gelado, cortado por leitos de rios ressecados, com cânions, vales e gigantescos vulcões extintos. O maior dos vulcões conhecidos no sistema solar, Olympus Mons (monte Olimpo), tem um tamanho comparável ao da Itália e uma altitude de mais ou menos 25 quilômetros, três vezes maior do que a do monte Everest. Obviamente, quando jovem, Marte era um mundo muito diferente, com água e atividade geológica em abundância, bem como um clima mais propício para criaturas vivas. Muitos cientistas acreditam que a vida pode ter existido lá no passado distante, tendo sido subsequentemente extinta por condições bastante austeras. A atmosfera marciana foi ficando mais tênue com o tempo, expondo sua superfície aos raios ultravioleta emanados do Sol, extremamente nocivos à vida – os mesmos que nos forçam a usar protetor solar. Ao contrário do nosso planeta, onde a vida conseguiu persistir por pelo menos 3,5 bilhões de anos, ainda que, em algumas ocasiões, tenha escapado da extinção por pouco, outros mundos podem ter tido vida por períodos bem mais curtos. Para mundos muito jovens, formados recentemente em regiões conhecidas como berçários de estrelas, a vida pode ainda não ter tido tempo de surgir. Como veremos, mesmo sendo incrivelmente criativa e resiliente, a vida precisa de uma série de condições planetárias propícias para ter sucesso e sobreviver por longos períodos em ambientes **extremos**.

Enquanto eu escrevia estas linhas, a sonda *Perseverance*, da Nasa, escavava a superfície marciana buscando sinais de vida, passada ou presente. Que tipo de vida não podemos saber. Qualquer análise que fazemos é informada pelo que entendemos ser vida, isto é, vida como a conhecemos na Terra. Afinal, esse é o único tipo de vida que sabemos existir. A *Perseverance* "segue a água", vasculhando o solo em torno da cratera Jezero, uma região onde havia água no passado, à procura de compostos orgânicos relacionados com atividade biológica semelhante à existente na Terra.

A curiosidade nos impulsiona adiante, mas a miopia detém nosso entusiasmo. Assim avança o drama do conhecimento. Mas somos criaturas teimosas e criativas, e continuamos nossas explorações. Como escreveu Tom Stoppard em sua peça de teatro *Arcadia*, "é o querer saber que nos torna relevantes".

A vida pode e provavelmente irá nos surpreender. Para achá-la, precisamos de algum ponto de partida, e o mais óbvio é usar o que sabemos para buscar vida em outros mundos. Se encontrarmos vida extraterrestre e ela tiver uma genética e morfologia semelhantes à vida aqui, teremos aprendido algo. Se for diferente, aprenderemos algo também. E se não encontrarmos vida alguma, também tiraremos uma lição disso – se bem que devemos nos valer do método indutivo com muito cuidado quando usamos evidência do que encontramos e do que não encontramos. De fato, se nossas missões que buscam vida em Marte falharem, não significa que podemos concluir que a vida não existe ou nunca existiu em Marte. Esse tipo de conclusão não pode ser justificada a partir dos dados que adquirimos. Podemos ter olhado no lugar errado ou buscado o tipo de vida errado. Planetas têm uma superfície enorme, nossos instrumentos de exploração são limitados em seu alcance e precisão, e são desenhados para identificar vida como a conhecemos. O que é extraordinário é que vivemos numa era em que podemos enviar sondas para escavar o solo de outro mundo em busca de sinais de vida e, mais incrível ainda, fazer com que retornem, para que possamos estudá-las detalhadamente em laboratórios terrestres.[24]

Lições de nosso sistema solar: mundos fantásticos e misteriosos

Temos, entretanto, outra lição a aprender, e que não é sobre a vida fora da Terra. A lição é sobre a vida aqui. Os últimos sessenta anos de exploração espacial afetaram profundamente como vemos a nossa vizinhança solar. Exploramos todos os planetas do sistema solar, e muitas de suas luas bizarras. Mesmo que, até o momento, tenhamos apenas aterrissado na Lua, em Marte e em alguns asteroides e cometas, nossas sondas passaram perto e fotografaram todos os planetas. A lista inclui até o distante Plutão, que agora é reconhecido como um "planeta anão". E por que não um planeta? De acordo com a definição oficial da União Astronômica Mundial, um planeta deve limpar (ou absorver) o material que se espalha em torno de sua órbita durante a sua formação. E Plutão não fez isso com eficiência, se encaixando melhor como membro do chamado Cinturão de Kuiper, uma enorme coleção de mundos gelados de dimensões diversas que orbitam o Sol além de Netuno.[25]

Cada planeta é o seu próprio mundo, com propriedades únicas. Isso pode ser visto facilmente no nosso sistema solar, se compararmos Vênus e Marte, por exemplo: Vênus, um inferno tão quente que as rochas brilham como brasas; Marte, um deserto gelado. Ou, mais drasticamente, uma comparação da Terra com Saturno, um gigante gasoso. A variedade de mundos descobertos é tão vasta que os astrônomos criaram uma subdisciplina, a Planetologia Comparada, dedicada à comparação e classificação de planetas em grupos com propriedades semelhantes. Vemos que Herschel tinha toda a razão quando afirmou que "os céus são como um jardim com as mais variadas produções". De certa forma, essa é a era da botânica celeste. Os resultados atuais indicam que a maioria das estrelas na nossa galáxia tem ao menos um planeta em sua órbita, talvez mais. Como existem entre 100 e 400 bilhões de estrelas na nossa galáxia, a Via Láctea, temos centenas de bilhões, talvez mais de 1 trilhão (10^{12} – o número 1 seguido por 12 zeros) de planetas. Adicionando as luas, muitas delas possivelmente capazes de hospedar a vida, o número de mundos sobe aos trilhões.[26] Imagine que só Júpiter tem ao menos 79 luas (o número continua crescendo). Ou seja, são mais de mil bilhões de mundos apenas na nossa galáxia – cada um único, com a própria história e propriedades geofísicas, com sua composição interior, com ou sem uma atmosfera, com ou sem um campo magnético, rochoso como a Terra ou gasoso como Júpiter. Alguns planetas e luas têm vulcões e gêiseres ativos; alguns têm água na sua superfície ou no seu interior; outros têm nuvens que geram tempestades gigantescas, com ciclones e ventos de velocidades altíssimas. Existem, ainda, mundos que não oferecem a menor possibilidade de hospedar a vida, enquanto outros talvez sejam capazes de manter criaturas vivas.

De modo geral, planetas podem ser rochosos ou gasosos, com planetas rochosos em princípio orbitando mais perto de suas estrelas. Digo "em princípio" porque milhares de planetas gasosos gigantescos foram observados em órbitas extremamente próximas das suas estrelas. Quando planetas e estrelas nascem, a radiação intensa das estrelas tende a "soprar" gases e materiais voláteis dos planetas mais próximos, o que explica por que planetas como a Terra tendem a estar mais perto de suas estrelas. Esse é ao menos o caso no nosso sistema solar, onde os quatro planetas rochosos – Mercúrio, Vênus, Terra e Marte – são os mais próximos do Sol. Os planetas gasosos – Júpiter, Saturno, Urano e Netuno – têm órbitas mais afastadas, além da de Marte. A fronteira entre os planetas rochosos e os gasosos é o cinturão de asteroides entre Marte e Júpiter, uma coleção de asteroides rochosos que não se juntaram a um planeta ou lua, uma espécie de excesso (ou lixo) de material planetário. Diferentemente do que vemos em filmes de ficção científica e nos videogames, os asteroides no cinturão não formam uma espécie de corrida de obstáculos. Se fossem juntados para formar um mundo, sua massa seria equivalente a menos da metade da massa da nossa Lua.

Apesar de essa ordem – planetas rochosos e depois os gasosos – fazer sentido, a realidade é bem mais sutil e fascinante. Não sabemos se o nosso sistema solar é típico ou não. Como julgar o que é típico nesse contexto? Para definir o que é típico, precisamos de uma amostra de dados bastante abrangente. Quando são comparados, o que chamamos de "típico" é o que se encontra na vizinhança da média. Para distinguir o típico do anômalo, precisamos de dados sem viés, ou quase. (Nenhuma coleção de dados é perfeita.) Ou seja, precisamos de dados que não tenham uma tendência em direção a um extremo ou outro da amostra. Por exemplo, se queremos estimar a expectativa de vida média dos humanos, não podemos coletar dados apenas de países asiáticos. Precisamos de dados que incluam pessoas de países espalhados pelo mundo inteiro. Com isso, é possível, por exemplo, comparar subgrupos diferentes (asiáticos com europeus ou com sul-americanos etc.). Para termos dados balanceados, precisamos de uma amostra ampla. Obviamente, isso é bem mais fácil de ser feito com humanos na Terra do que com outros sistemas solares, distantes dezenas, centenas ou mesmo milhares de anos-luz daqui.

Muitas vezes, o pensamento indutivo e a noção de tipicidade aparecem juntos, nem sempre com o cuidado necessário. Como vimos, a afirmação "todos os cisnes são brancos" resultou de uma lógica indutiva fundamentada em dados limitados. Os cisnes europeus não são uma representação dos cisnes do mundo, apenas da Europa. Com base em dados coletados na Europa, devemos limitar nossas conclusões aos cisnes nesse continente. Não é correto extrapolar a partir dali que *todos* os cisnes na Terra são brancos.

Podemos agora retornar à nossa discussão anterior e usar um argumento semelhante para criticar as interpretações equivocadas do copernicanismo, em particular a afirmação de que a Terra é um planeta "típico". A proposta de Copérnico de reposicionar a Terra como um **planeta girando em torno do Sol** não pode ser generalizada **para uma afirmação** sobre o nosso planeta ser "típico" ou não. O que Copérnico fez corretamente foi propor que a Terra é um planeta. Nada em sua reorganização da ordem do sistema solar diz algo sobre a tipicidade da Terra. De fato, é impossível definir o que é um planeta típico olhando apenas para o nosso sistema solar. Não existe um número suficientemente grande de planetas rochosos e gasosos para tirarmos essa conclusão. Se limitarmos nossa comparação separadamente aos grupos de planetas rochosos e gasosos, dadas as diferenças entre cada um deles, vemos que nenhum dos quatro planetas rochosos ou dos quatro gasosos pode ser designado como típico. Portanto, se insistirmos em definir um planeta típico, será necessário usar uma amostra enorme de planetas girando em torno de muitas outras estrelas. Mesmo assim, devemos levar em conta que estrelas são de diferentes tipos, com diversas massas, tamanhos, temperaturas na superfície e intensidade de radiação. Essas propriedades das estrelas afetam de forma diversa os planetas que giram à sua volta. Portanto, uma comparação mais científica seria entre planetas que giram em torno do mesmo tipo de estrela (em breve abordarei isso) ou entre planetas em órbita dentro da chamada *zona de habitabilidade* da estrela.

De forma geral, a zona de habitabilidade é definida como a região em torno da estrela onde um planeta em órbita poderia ter água líquida na sua superfície.[27] Ou seja, se ligarmos a presença de água líquida à existência de vida, um planeta em órbita na zona de habitabilidade de sua estrela tem a possibilidade de hospedar a vida: a superfície do planeta não é tão quente a ponto de a água evaporar, nem tão fria a ponto de a água congelar. Porém, mesmo que o conceito de zona de habitabilidade seja útil na busca por planetas rochosos com água, sua definição cria uma série de problemas. Por exemplo, a posição da estrela na galáxia influencia suas propriedades e as dos seus planetas, definindo o conceito de zona de habitabilidade galáctica; assim como os detalhes da composição química do planeta e de sua atmosfera, e o fato de que a presença de água na superfície do planeta não é um fator determinante para a existência de vida.

Por exemplo, um planeta pode estar na zona de habitabilidade de sua estrela, mas ser exposto a altas quantidades de radiação (se perto, talvez, de uma supernova) ou ter uma química que não comporta a vida. Ou ser como Europa, a exótica lua de Júpiter que, apesar de estar fora da zona de habitabilidade do Sol, tem água líquida no seu interior, abaixo de uma crosta de gelo com espessura entre dois e quatro quilômetros. O consenso atual é de que um oceano com uma profundidade de quase 100 quilômetros envolve o coração rochoso e rico em ferro de Europa. Ou seja, essa lua tem um oceano com uma profundidade aproximadamente dez vezes maior do que as regiões mais profundas dos oceanos terrestres, e com um volume total de água duas vezes maior do que todos os oceanos da Terra reunidos.

O que torna o oceano de Europa líquido não é o calor do Sol, mas a forte atração gravitacional exercida por Júpiter, cuja intensidade flexiona o interior de Europa como se fosse feito de massinha, transformando energia mecânica em calor, um efeito conhecido como aquecimento de maré. Pela mesma razão, Io, a lua mais próxima de Júpiter, tem ao menos quatrocentos vulcões ativos, sendo o corpo celeste com maior atividade geológica do sistema solar. No caso de Io, o oceano no seu subsolo mistura rochas sólidas e derretidas, que extravasam constantemente sobre a superfície para aliviar a pressão interna. A primeira vez que vi as imagens da superfície torturada de Io feitas pela sonda *Galileu*, com campos de lava borbulhante e vulcões em erupção, me lembrei das ilustrações dos mundos vulcânicos no clássico *O pequeno príncipe*. A astronomia moderna comprova que a realidade é mais estranha do que a ficção.

Deixando o sistema de Júpiter e suas luas em direção a Saturno, encontramos outro tesouro geológico, a lua Encélado, a sexta maior das 83 luas conhecidas de Saturno. (No momento em que escrevo estas linhas, apenas 63 foram confirmadas como luas.) Encélado foi descoberta por William Herschel no dia 28 de agosto de 1789, com seu novo telescópio de 12 metros de comprimento, um gigante dentre os telescópios da época. Mesmo com esse poderoso instrumento, Herschel mal podia imaginar os mistérios que esse novo membro do jardim celeste revelaria. Em 2005, a sonda da Nasa *Cassini* passou perto o suficiente de Encélado para coletar amostras do material sendo ejetado pelos diversos gêiseres espalhados pela sua superfície. Como Europa, a lua de Júpiter, Encélado também está sujeita ao aquecimento de maré causado pela gravidade de Saturno, que resulta numa atividade vulcânica espetacular. Seu polo norte é repleto de crateras, mas relativamente calmo geologicamente, em contraste com um polo sul bastante ativo, com pelo menos cem "criovulcões", que expelem jatos de vapor d'água misturados com cristais de sal (cloreto de sódio), amônia, partículas de gelo e outros materiais a uma taxa de 200 quilogramas por segundo. Parte do material retorna à superfície como uma espécie de neve, enquanto o restante decola em direção ao anel de Saturno denominado Anel E, localizado entre as luas Mimas e Titã, a maior de Saturno.[28] Portanto, a matéria do interior de Encélado é ejetada em direção a outros mundos, uma ilustração concreta da visão alquímica de Newton da constante reciclagem de matéria que ocorre através do cosmo.[29]

Para tornar Encélado ainda mais fascinante, cientistas sugerem que existe um oceano em seu subsolo, como na lua Europa. No caso de Encélado, trata-se de um enorme reservatório de água rica em metano, com uma profundidade estimada entre 24 e 30 quilômetros, cerca de três vezes mais profundo do que os oceanos terrestres. Esse oceano deve conter água salgada, que é expelida pelos criovulcões, e alguns compostos orgânicos, alguns dos quais servem, ao menos aqui, como ingredientes básicos da vida. A combinação de um oceano salgado e de condições propícias a um ciclo hidrotérmico que causa atividade vulcânica e a circulação de materiais e a presença de amônia e de vários compostos orgânicos fazem de Encélado um dos objetos de estudo preferidos sobre ambientes que podem levar à existência de vida. Nos últimos anos, várias missões ainda em consideração foram propostas para buscar traços de atividade biológica nesse mundo gelado e exótico.

Aqui na Terra, microrganismos que datam dos primórdios da vida, há mais de 3 bilhões de anos, combinaram hidrogênio e dióxido de carbono para obter energia, gerando metano como subproduto. Vários cientistas acreditam que esse tipo de reação, conhecida como metanogênese, foi uma componente essencial da origem da vida na Terra. Encélado parece ter ingredientes semelhantes, inspirando a possibilidade de que microrganismos existam por lá. Como só quem procura acha, espero que novas missões sejam financiadas no futuro próximo para que nossa visão curiosa e míope possa estender seu olhar a esse mundo gelado.

Mesmo que, após buscarmos por vida em Europa e Encélado, ou em qualquer outro mundo do nosso sistema solar, nada seja encontrado, teremos, ao menos, aprendido duas lições valiosas: primeiro, que o nosso mundo, longe de ser um planeta "típico", é a verdadeira joia do sistema solar, exibindo uma diversidade de criaturas rara e incrível, das bactérias às baleias, dos fungos e figos aos coqueiros e pinheiros; segundo, se os mundos do nosso sistema solar são já tão extraordinários e variados, imagine as maravilhas que nos esperam quando nos aventurarmos ainda além, em direção às estrelas e suas cortes de mundos espalhados pela vastidão do espaço.

Como descobrir novos mundos 1: busque por estrelas

Para irmos em busca de mundos além do sistema solar, encontramos imediatamente dois obstáculos. O primeiro é a distância absurda entre as estrelas. Uma viagem até Alfa Centauri, a estrela mais próxima do nosso sistema solar, a 4,37 anos-luz do Sol, demoraria em torno de 100 mil anos com o nosso foguete mais rápido. Obviamente, não podemos enviar sondas até lá na esperança de obter informação relevante. O segundo obstáculo é que nossos telescópios atuais não podem detectar diretamente planetas girando em torno de outras estrelas. Seria como tentar ver uma pulga olhando diretamente para um holofote. Para estudarmos exoplanetas, precisamos usar outras estratégias que possam nos revelar algumas das propriedades desses mundos distantes. Isso foi exatamente o que ocorreu nas últimas décadas. Com muita criatividade e avanços tecnológicos espetaculares, conseguimos descobrir milhares desses mundos. E o que aprendemos com essas descobertas não poderia ter sido mais surpreendente.

Após séculos de especulações, hoje sabemos que a maioria das estrelas tem planetas girando à sua volta. Vale revisitar os números que são, de fato, impressionantes. Estimamos que existam entre 100 mil e 400 bilhões de estrelas na nossa galáxia, a Via Láctea. Se cada estrela tem, em média, entre um e cinco planetas, o número total de exoplanetas está entre 100 bilhões e 2 trilhões. Se incluirmos as luas que, como vimos, também podem oferecer condições propícias à vida, chegamos confortavelmente a *trilhões de mundos apenas na nossa galáxia*. Cada um desses mundos é diferente, cada um tem a própria história, as suas propriedades geofísicas e sua composição química. Podemos até falar de uma *ecologia planetária*. A diversidade do jardim celeste de Herschel superou de longe qualquer expectativa.

Que tipos de mundos são esses? Quantos são semelhantes à Terra? Quantos oferecem as condições necessárias para a vida? E, dentre estes, quantos, de fato, são mundos contendo uma biosfera ativa, mundos vivos como o nosso? Como devemos considerar o nosso sistema solar em meio a tantos outros? Sendo "típico", semelhante a muitos, ou um caso especial, a Terra um mundo extremamente raro, pulsando com vida em meio a um universo morto e silencioso? É possível que, nas próximas décadas, essas perguntas sejam respondidas. Porém, mesmo com o que já sabemos, creio que podemos classificar a Terra como uma entidade exótica e exuberante em meio a essa diversidade incrível de mundos celestes. Se somos a única civilização tecnológica no cosmo não podemos afirmar com certeza. Contudo, o que podemos afirmar é que, se existem outras, devem ser muito tímidas ou temem ser descobertas. Ou talvez tenham os mesmos obstáculos tecnológicos para chegar até nós que nós temos para chegar até elas. De qualquer forma, e esse é um ponto essencial aqui, o que aprendemos sobre o nosso planeta e o nosso sistema solar já é suficiente para realinhar a nossa relevância no universo e justificar por que temos um papel essencial na grande narrativa cósmica.

Essa importância cósmica a que me refiro não vem da afirmação do filósofo pré-socrático Protágoras de Abdera, que "o homem é a medida de todas as coisas", o que certamente não somos. Entretanto, e isso sim é importante, somos as coisas que podem medir. Se existe algo de especial em relação à nossa espécie, não é que cada um de nós pode definir o que é a verdade, como Protágoras acreditava (algo de que Platão não gostava, pois criava um relativismo que tornava impossível chegar até a verdade), mas que somos criaturas dotadas de uma habilidade ímpar de construir instrumentos capazes de expandir a nossa visão da realidade e de inclusive encontrar o nosso lugar entre as estrelas.

A história de como astrônomos descobriram novos mundos além do nosso sistema solar já foi contada em vários livros.[30] Para nós, é suficiente apresentar rapidamente os métodos usados para "caçar planetas", e o que aprendemos sobre exoplanetas e suas propriedades com os dados adquiridos até agora.

Começamos discutindo os tipos de estrelas que existem, e se os planetas girando à sua volta podem hospedar a vida. Existem sete tipos de estrelas que brilham ao fundir hidrogênio em hélio na sua região central, um processo chamado fusão nuclear. Os vários tipos de estrelas são classificados de acordo com o seu tamanho (como a sua massa se compara com a do Sol) e com a eficiência do seu processo de fusão. As maiores estrelas são gigantescas, com massas até sessenta vezes maiores que a do Sol (conhecidas como estrelas de tipo O, ou supergigantes azuis); enquanto as menores, chamadas do tipo M – também conhecidas como anãs vermelhas –, têm em torno de um quinto da massa do Sol.[31] Veja como "azul" e "vermelha" descrevem estrelas em extremos opostos de temperatura. Azul indica estrelas com altas temperaturas na sua superfície, enquanto vermelhas são estrelas com temperaturas na superfície relativamente mais baixas.³² A regra básica é que quanto maior a massa da estrela, mais quente ela é. A sua enorme gravidade pressuriza o material no seu interior com maior intensidade, consequentemente aumentando a eficiência do processo de fusão. Ou seja, as estrelas se autocanibalizam para resistir à inexorável ação da gravidade, que tenta implodi-las sem trégua. Quanto mais intensamente as estrelas lutam para existir, mais forte elas brilham. A sua luz é um termômetro do seu sofrimento.

Se estamos interessados na existência de vida em planetas e luas, a temperatura na superfície da estrela é essencial. Quanto mais quente a estrela, mais radiação emite, incluindo a nociva radiação ultravioleta. Portanto, planetas em órbitas muito próximas das suas estrelas não têm muita chance de hospedar a vida. Estrelas muito quentes têm uma zona de habitabilidade bem distante. Quanto mais quente a estrela, mais longe é a sua zona de habitabilidade. A menos, claro, que a vida esteja no subsolo, onde os raios nocivos não penetram. Discutimos essa possibilidade nas luas Europa e Encélado, com seus oceanos protegidos por uma espessa crosta de gelo. Quando as sondas da Nasa buscam vida em Marte, o foco da busca também é o subsolo. A atmosfera de Marte tem baixa densidade e não bloqueia a maior parte da radiação solar.

Temos, também, o problema da longevidade da estrela. Quanto maior a massa da estrela, mais curta é a sua vida. As estrelas maiores, do tipo O, têm uma expectativa de vida de "apenas" 500 mil anos, o que, como veremos, não permite que a vida emerja e se desenvolva. Com suas massas gigantescas acelerando o processo de fusão nuclear no seu centro, elas são as que mais brilham e as que perecem mais cedo. No jogo da vida, as estrelas menores levam uma imensa vantagem.

Como vimos, do tipo O ao tipo M existem sete tipos de estrelas. Em ordem decrescente de massa (e temperatura), da maior (mais quente) até a mais leve (mais fria), a sequência é O-B-A-F-G-K-M. A tabela a seguir resume as várias propriedades dos tipos de estrelas, com implicação direta para a existência de vida nos planetas e luas que giram à sua volta.[33]

Tipo de estrela	Porcentagem na galáxia (%)	Temperatura na superfície (°C)	Luminosidade (unidade solar)	Massa (unidade solar)	Vida (anos)
O	0,0001	50.000	1.000.000	60	500 mil
B	0,1	15.000	1.000	6	50 milhões
A	1	8.000	20	2	1 bilhão
F	2	6.500	7	1,5	2 bilhões
G (Sol)	7	5.500	1	1	10 bilhões
K	15	4.000	0,3	0,7	20 bilhões
M	75	3.000	0,003	0,2	600 bilhões

Vale explorar as implicações desses valores para a busca por vida nos mundos girando em torno dos vários tipos de estrelas. "Unidade solar" significa em comparação com o Sol. Por exemplo, uma estrela do tipo B com seis unidades solares de massa tem uma massa seis vezes maior do que a do Sol e luminosidade mil vezes maior. O Sol é uma estrela do tipo G. A primeira coluna, "Tipo de estrela", lista os sete tipos de estrela. A segunda coluna dá a porcentagem aproximada do tipo de estrela na Via Láctea. Vemos que estrelas do tipo O são extremamente raras, apenas uma a cada 100 mil. Sete por cento das estrelas são do tipo G, como o nosso Sol. De longe, as estrelas mais abundantes são as do tipo M, contribuindo 75%. Ou seja, três em cada quatro estrelas são do tipo M, as pequenas e relativamente frias anãs vermelhas. Munidos desses valores, é bom lembrar que existem ao menos 10 bilhões de estrelas na galáxia. Portanto, mesmo que as estrelas do tipo O sejam comparativamente raras, há em torno de um milhão delas.

A tabela também lista as temperaturas nas superfícies das estrelas, além de luminosidade e massa. A luminosidade da estrela mede a quantidade de radiação que ela emite por segundo, visível e invisível aos olhos. Vemos que a diferença é enorme quando vamos do topo à base da tabela, das estrelas mais luminosas e quentes às mais frias e menos luminosas. A vida como a conhecemos aqui existe apenas num intervalo relativamente pequeno de temperatura. Mesmo quando consideramos tipos de vida bem exóticos, como os extremófilos, criaturas capazes de sobreviver em temperaturas acima da ebulição da água e extremamente baixas, o intervalo é de -15°C a 122°C.[34] Esse intervalo de temperatura determina a zona de habitabilidade das estrelas, a zona onde a vida seria, ao menos em princípio, possível na superfície de um planeta ou lua. As estrelas do tipo O têm uma zona de habitabilidade muito distante, enquanto as do tipo M têm uma zona de habitabilidade bem próxima. Isso significa que planetas em órbitas próximas de estrelas dos tipos O, B e A têm poucas chances de abrigar a vida (muito calor e radiação). O oposto ocorre com planetas em órbitas muito distantes de estrelas do tipo K e M (muito frio).

A última coluna da tabela lista a longevidade média dos sete tipos de estrela. Essa longevidade afeta diretamente a possibilidade de vida nos planetas girando à sua volta. Vale lembrar que estrelas com massas grandes são muito quentes e vivem pouco, enquanto estrelas mais leves são mais frias e perduram por muito mais tempo. A nível de comparação, nosso universo tem em torno de 13,8 bilhões de anos, o tempo transcorrido desde o Big Bang. O Sol tem aproximadamente 5 bilhões de anos, uma estrela do tipo G na sua meia-idade. Em mais 5 bilhões de anos, o Sol se transformará numa gigante vermelha, inflando além das órbitas de Mercúrio e Vênus, e dizimando a vida que existir na Terra, se é que alguma vai existir então.

Ao menos em primeira aproximação, são as estrelas que determinam se a vida pode existir em algum dos seus mundos e por quanto tempo. A vida toma tempo para emergir e se espalhar pelo planeta, já que não só requer uma química correta como também um ambiente relativamente calmo para se reproduzir e conquistar locais diversos. Na Terra, o único exemplo que temos de um mundo com vida, observações ainda debatidas por cientistas indicam que foram necessários ao menos 500 milhões de anos para a vida surgir e se estabelecer. Estimativas mais concretas levam cientistas a concluir que a vida surgiu quando a Terra tinha já um bilhão de anos.[35] Se a vida surgiu antes disso, a intensa atividade vulcânica aliada às colisões devastadoras com asteroides e cometas criaram um ambiente proibitivo para que a vida pudesse existir.

É até possível que a vida tenha surgido várias vezes durante esse primeiro bilhão de anos, mas não tenha conseguido sobreviver por muito tempo antes da destruição. De qualquer forma, é muito difícil obtermos alguma prova de que essas primeiras tentativas fracassadas de vida de fato ocorreram. Isso porque a memória do passado da Terra é registrada nas rochas, como vemos em fósseis mais recentes. O problema é que na sua infância, a Terra era um mundo torturado, com temperaturas altíssimas devido a processos geológicos violentos e colisões com objetos celestes, que essencialmente derretiam e remoldavam as rochas como se fossem manteiga. Da mesma forma que não temos memórias de nossa infância (até os 3 anos, aproximadamente) porque nosso cérebro não tinha ainda o substrato neuronal para registrá-las, a Terra em sua infância não tinha a solidez para gravar por muito tempo o que ocorreu em suas camadas rochosas. Para complicar, no caso da Terra, não havia pais gravando vídeos ou tirando fotos. Os primórdios da vida na Terra se perderam nas sombras de um passado inacessível.

Como descobrir novos mundos 2: busque por planetas

Após havermos determinado quais tipos de estrela possuem planetas capazes de hospedar a vida, o próximo passo é buscar esses mundos. Aqui as coisas ficam mais complexas. Tendo vivido sob a influência de uma estrela toda a sua vida, o leitor sabe que estrelas são muito luminosas. Já planetas e luas não só são muito menores do que as estrelas como também não emitem luz própria, apenas refletem a luz que vem da estrela. Para complicar ainda mais, as estrelas estão muito longe da gente. Como sabemos, elas aparentam ser pequenos pontinhos de luz no céu noturno, invisíveis aos olhos durante o dia devido à luz do Sol. Portanto, achar planetas girando em torno de estrelas é um grande desafio. Mesmo os nossos telescópios mais poderosos não são capazes de visualizá-los com uma precisão adequada para o seu estudo.[36]

Por essas razões, cientistas precisam ser muito criativos para achar exoplanetas. Felizmente, planetas afetam suas estrelas de forma sutil mas suficientemente intensa para que possamos detectá-los. Para termos ideia de como a coisa funciona, imagine que está caminhando numa trilha com um amigo. Ele anda rápido e está na sua frente. De repente, seu amigo fica agitado e começa a gesticular os braços freneticamente. Você deduz que está sendo atacado por algum inseto bem pequeno, talvez um ou mais mosquitos, e também que, quanto mais perto os mosquitos estão do rosto do seu amigo, mais ele gesticula. Por via das dúvidas, você aplica logo um pouco de repelente na sua camisa e no chapéu.

As estrelas não são atacadas pelos seus planetas, mas reagem à sua presença pelo menos de dois modos: primeiro, a atração gravitacional dos planetas sobre a estrela faz com que ela oscile um pouco. (Claro, os planetas são atraídos igualmente por suas estrelas, o que determina as suas órbitas); segundo, ao passar em frente à estrela, o planeta bloqueia uma pequena fração de sua luz. Quanto maior o planeta e quanto mais perto estiver da estrela, maiores são ambos os efeitos. Portanto, em vez de visualizar os planetas diretamente, podemos medir seus efeitos sobre as estrelas, o chamado *método de velocidade radial* ou *Doppler*, ou diminuindo o seu brilho, o chamado *método do trânsito*. Após as medidas, astrônomos trabalham como detetives para deduzir quem foram os culpados, isto é, os planetas que causaram essas variações na estrela. Apesar de esses métodos indiretos de detecção terem as suas limitações, eles funcionam muito bem.

Técnica 1: planetas fazem as estrelas dançar

A primeira técnica usa o fato de que as estrelas oscilam, mesmo que de forma bastante sutil. Elas podem parecer fixas quando as vemos com nossos olhos, mas telescópios poderosos são capazes de detectar sua dança tímida. A gravidade é uma espécie de cabo de guerra entre dois ou mais objetos com massa. Mesmo que tenha uma massa muito maior do que a de um planeta, a estrela reagirá à sua atração. (A força atua com a mesma intensidade sobre os dois objetos, como explica a terceira lei de Newton, a lei da ação e reação.) O conceito importante aqui é o *centro de massa*. Se dois objetos têm a mesma massa, o centro de massa desse sistema de dois corpos é exatamente no ponto central equidistante dos dois, como neste esquema:

Se alguém se senta justo nesse ponto central, não sentirá uma atração em direção a um objeto ou a outro, já que elas se cancelam bem ali. Se os dois objetos giram, é natural que seja em torno desse ponto central. Quanto maior a massa de um dos dois objetos, mais próximo o centro de massa será dele:

O—|——o

Esse é o caso entre uma estrela e um planeta, onde o centro de massa é bem mais próximo da estrela. Mas não exatamente no seu centro, o que significa que a estrela também gira em torno do centro de massa desse sistema.

Por exemplo, a massa do Sol é aproximadamente mil vezes maior do que a de Júpiter. Se deixarmos de lado os outros planetas do sistema solar (uma boa primeira aproximação, dado que Júpiter é de longe o planeta com a maior massa), o centro de massa do sistema Sol-Júpiter fica a um milésimo da distância entre os dois, que cai um pouco fora da superfície do Sol. Tanto Júpiter quanto o Sol completam uma órbita em torno desse centro de massa a cada doze anos. É uma órbita bem longa para Júpiter e uma bem menor para o Sol. Mas o Sol oscila. Um astrônomo extraterrestre que observa o nosso sistema solar de muito longe pode, em princípio, detectar essa oscilação e deduzir a massa de Júpiter a partir dela. (Não é necessário achar Júpiter; essa é a vantagem do método.) Adicionando outros planetas, o movimento oscilatório complica, mas a física é a mesma. Com paciência e medidas precisas, é possível deduzir a existência de outros planetas e suas massas observando apenas os detalhes da dança do Sol. Obviamente, com oito planetas essa coreografia é bem complexa. Mas o projeto é possível. (O movimento será sempre dominado por Júpiter, por ser o planeta gigante mais próximo do Sol.)

Na prática, astrônomos não observam as oscilações da estrela, mas como a luz que vem dela muda com esse seu movimento em torno do centro de massa. Isso porque quando uma fonte de luz (como uma estrela) se aproxima ou se afasta de nós (ou quando somos nós que nos aproximamos ou nos afastamos da fonte de luz), a luz emitida muda. Esse efeito extraordinário é absolutamente essencial na astronomia, pois permite que astrônomos saibam quando objetos se afastam ou se aproximam de nós, e com que velocidade. Ele é usado para medir uma enorme variedade de movimentos celestes, desde a oscilação de estrelas até a própria expansão do universo como um todo. (O que medimos, na verdade, é a componente da velocidade na nossa direção, que chamamos de componente *radial*. Daí o nome de "método da velocidade radial".)

A ideia de que o movimento afeta as propriedades das ondas foi proposta originalmente para ondas sonoras pelo físico austríaco Christian Doppler em 1842. O leitor sem dúvida conhece esse efeito. Quando você está de pé numa calçada, e uma ambulância passa depressa tocando a sua sirene, você percebe que o tom fica mais agudo quando a sirene se aproxima (a frequência das ondas cresce) e mais grave quando a ambulância se afasta (a frequência das ondas diminui). O mesmo ocorre com carros, caminhões ou trens soando as suas buzinas. Como ainda não havia carros em 1845, o meteorologista C. H. D. Buys-Ballot resolveu testar o efeito previsto por Doppler ao colocar uma banda tocando a mesma nota em cima de um trem. Ao longo do caminho, Buys-Ballot posicionou vários especialistas capazes de discernir mudanças sutis no som vindo da banda. O trem então passava por eles na sua velocidade máxima, enquanto os músicos soavam seus trompetes e outros instrumentos. Com isso, Buys-Ballot conseguiu comprovar a fórmula proposta por Doppler que relaciona a frequência da onda sonora com a velocidade da sua fonte – no caso, o trem. Dos vários experimentos incríveis na história da física, esse deve ter sido um dos mais divertidos de se testemunhar.

O mesmo efeito ocorre com as ondas de luz. Ondas, aqui, não são como as que vemos quebrar na praia, sendo mais semelhantes (mas não idênticas) às que vemos quando atiramos uma pedra num lago. A distância entre duas cristas adjacentes é o que chamamos de *comprimento de onda*. Ondas com comprimentos de onda longos têm as cristas distantes, enquanto aquelas com comprimentos de onda menores têm as cristas mais próximas. A frequência da onda é simplesmente o número de cristas de onda que passam por uma posição por segundo. Portanto, se duas cristas passam por você a cada segundo, essa onda tem uma frequência de dois ciclos por segundo ou 2 hertz. Quando você escuta uma rádio FM e dizem "Rádio Copacabana, 98 mega-hertz", significa que a estação de rádio está emitindo ondas de rádio com uma frequência de 98 milhões de ciclos por segundo, 98 MHz. (M maiúsculo representa milhões.)

Sempre que penso em ondas, me lembro do meu pai tocando o seu amado acordeão, um Scandalli italiano que fazia parte da família havia gerações. Não tinha mais do que 5 anos quando, maravilhado, assistia ao meu pai tocando aquele instrumento estranho, marcando o ritmo com os pés. Quando ele abria e fechava o fole do acordeão, os gomos se separavam e se aproximavam ritmicamente, como cristas de uma onda que ia e vinha com a melodia. Nunca poderia ter imaginado que a música mágica de meu pai um dia me ajudaria a entender a física das estrelas. Imagino que ele também não.

O efeito Doppler comprovou que quando a fonte de luz viaja em nossa direção, as ondas são "comprimidas" pelo movimento, e essa compressão equivale a comprimentos de onda menores e, portanto, a maiores frequências. Já quando a fonte de luz se afasta ocorre o oposto, e as ondas têm frequências menores. É por isso que o efeito Doppler é tão essencial na astronomia. Com ele, podemos deduzir se um objeto celeste – seja uma estrela, uma galáxia, um grupo de galáxias ou outro objeto brilhante – está se aproximando ou se afastando de nós, e a que velocidade. Se a fonte de luz se aproxima, dizemos que a luz tem um "desvio para o azul"; se está se afastando, um "desvio para o vermelho".

Telescópios aqui na Terra e no espaço, como o Telescópio Espacial Hubble ou o Telescópio Espacial James Webb, varrem os céus buscando estrelas com uma oscilação de frequências que alternam sucessivamente desvios para o azul e para o vermelho. Quando encontram uma estrela candidata, a oscilação do azul ao vermelho é seguida e analisada de forma minuciosa. Com isso, astrônomos podem deduzir as massas e as distâncias dos planetas em torno da estrela. Como o efeito é de origem gravitacional, quanto mais próximo e maior a massa do planeta, maior será a oscilação da estrela e mais pronunciados os desvios para o azul e para o vermelho.[37]

Em 1995, um planeta foi descoberto orbitando a estrela 51 Pegasi usando o método Doppler. Os dados mostraram que a oscilação da estrela se repetia a cada quatro dias com uma velocidade de vaivém de 57 metros por segundo. Esse foi o primeiro exoplaneta encontrado usando esse método, e ainda com uma estrela do tipo G como o nosso Sol, a 50,6 anos-luz de distância. O feito rendeu o Prêmio Nobel de Física de 2019 aos astrônomos suíços Michel Mayor e Didier Queloz. O planeta, agora chamado de Dimidium, é um Júpiter quente (do inglês *hot Jupiter*), um gigante gasoso numa órbita muito perto da sua estrela. Para surpresa geral, Dimidium completa sua órbita em apenas quatro dias, o que significa que está muito mais perto de sua estrela do que Mercúrio, que leva três meses para girar em torno do Sol. Como é de se esperar, a descoberta causou enorme alvoroço na comunidade científica – não só por ter sido a primeira observação indireta de um exoplaneta, mas, principalmente, por nos forçar a repensar a natureza de um sistema planetário. Ninguém poderia ter adivinhado que planetas gasosos gigantes poderiam ter órbitas tão próximas de suas estrelas. No nosso sistema solar, como vimos, a órbita de Júpiter leva doze anos. Compare com os quatro dias da órbita de Dimidium!

Essa incrível descoberta provocou uma pergunta essencial: será que o nosso sistema solar – caracterizado por ter planetas gigantes gasosos bem mais distantes do Sol do que planetas rochosos (como a Terra e Marte) – é a regra ou a exceção? Retornamos à noção do que seria um objeto ou sistema típico, mas agora com o nosso sistema solar como foco de atenção. Como ele se compara com as centenas de bilhões de outros sistemas planetários que existem na nossa galáxia?

A descoberta de sistemas planetários com gigantes gasosos em órbitas extremamente próximas de suas estrelas demonstra mais uma vez como é perigoso (e errado) usar a indução para definir o que é um sistema planetário "típico". Apenas quando tivermos dados para analisar uma coleção numerosa de sistemas planetários podemos começar a definir o que seria um sistema típico e, mais importante ainda, se faz sentido caracterizar um sistema planetário nessa categoria. Como exemplo, considere que todos os seres humanos na Terra pertencem à mesma espécie. Isso significa que temos muitas características em comum, como a forma geral do nosso corpo e a nossa genética. Mesmo assim, não me parece possível definir um humano "típico". A incrível diversidade entre os seres humanos nesse planeta é absolutamente enorme. Não podemos (ou devemos) apontar para determinada pessoa e afirmar que é um ser humano típico. Cada um de nós é produto de uma confluência única e complexa de fatores ambientais e genéticos. O mesmo ocorre quando agrupamos pessoas em famílias. Famílias podem ter características semelhantes, mas duas famílias nunca serão iguais. Não existe uma família de humanos que podemos chamar de típica.

Da mesma forma, considere que a formação de sistemas planetários obedece às mesmas leis da física e da química, e que os mesmos elementos químicos ocorrem na natureza – talvez possamos até chamar a constituição química de um planeta como sendo o seu "genótipo planetário": muitas vezes parecido, mas nunca igual entre dois planetas. Cada planeta evoluiu de acordo com variações locais, que resultam em uma família planetária única, com certo número de planetas, alguns rochosos e outros gasosos, alguns em órbitas próximas à sua estrela (ou estrelas) e outros em órbitas mais afastadas. Obviamente, pode haver certos padrões que reaparecem quando examinamos um número grande de sistemas planetários. Mas mesmo comparando sistemas planetários que têm propriedades semelhantes, os detalhes de cada um serão únicos. Por exemplo, pode haver uma família de sistemas planetários com planetas rochosos em órbitas próximas da sua estrela, seguidos por planetas gasosos. Essa família inclui o nosso sistema solar e outros com padrão semelhante; mas dentro dessa família não haverá dois sistemas planetários iguais. Ademais, os planetas de cada sistema também serão diferentes, cada um com uma história única para contar.

De 1995 até a Nasa ter lançado a famosa missão Kepler, em 2009, o método da velocidade radial dominou a busca por exoplanetas, resultando na descoberta de aproximadamente mil mundos. Como vimos, o método tende a favorecer a descoberta de planetas grandes em órbitas próximas de suas estrelas, já que produzem um efeito Doppler mais pronunciado e, portanto, mais fácil de ser observado da Terra. Estrelas menores são um alvo ainda melhor, pois reagem mais à atração gravitacional de seus planetas. Como resultado, a população de planetas descobertos por meio desse método é dominada por Júpiter quentes em órbitas próximas das suas estrelas, muitas delas estrelas leves do tipo M – ou seja, bem diferentes das estrelas do tipo G como o Sol, com planetas rochosos como a Terra girando à sua volta. Por outro lado, a técnica permite não apenas uma busca sistemática por exoplanetas como também demostra a incrível diversidade de sistemas planetários. Mesmo que ainda em uso hoje, o método Doppler foi essencialmente suplantado pelo método do trânsito. Quando os dois são usados juntos, é possível não apenas confirmar a existência de um exoplaneta como também a sua massa e o seu raio, determinando se sua composição é rochosa ou gasosa. É isso que os astrônomos querem dizer quando afirmam que um planeta é "como a Terra" (do inglês *Earthlike*): um planeta que tem raio e massa semelhantes à Terra. É claro que esse critério não diz nada sobre a possibilidade de o planeta hospedar a vida, embora planetas com essas propriedades e que têm órbitas dentro da zona de habitabilidade de suas estrelas tenham uma chance maior. Porém, como veremos em breve, a vida requer muito mais do que essas condições astronômicas.

Técnica 2: planetas bloqueiam parte da luz de suas estrelas

Chamar de Kepler o primeiro telescópio espacial a buscar planetas usando o método do trânsito foi uma excelente escolha. Afinal, o grande astrônomo alemão do século XVII não só descobriu as três leis do movimento planetário, como as usou para prever, pela primeira vez na história, os trânsitos de Mercúrio e Vênus de 1631. Como vimos, o trânsito planetário marca a passagem de um planeta em frente à sua estrela. Durante o trânsito, um observador na posição correta poderá notar um pequeno ponto preto passando devagar na frente da estrela. Fiquei emocionado ao presenciar o trânsito de Vênus de 2012. Ali estava, para todos observarem (com lentes protetoras apropriadas), a demonstração incontroversa do poder humano de decifrar as maravilhas do mundo natural. É impossível testemunhar esse evento, ou um eclipse total do Sol, e não sentir uma conexão profunda com o cosmo, a que Einstein se referiu como o "Mistério". Observar a passagem de outro mundo diante da nossa estrela nos comove de forma tangível e intangível. Vemos com os nossos olhos e com o nosso coração, uma combinação que é tão nossa, tão humana. Quando olhamos para o universo, o universo nos olha de volta. Quando somos movidos por um senso de maravilhamento, a realidade se torna mágica.

Quase quatro séculos antes de minha experiência observando trânsitos, Kepler previu que Mercúrio iria passar em frente ao Sol no dia 7 de novembro de 1631, seguido por Vênus no dia 6 de dezembro. Os cálculos eram pioneiros para a época, comprovando de forma irrefutável que as órbitas planetárias seguem leis matemáticas precisas. A ciência se tornava profética. O cosmo aparentava mesmo funcionar como um gigantesco mecanismo, o "cosmo-relógio". Se as leis que regem o funcionamento do relógio são conhecidas, como as conhecia Kepler, era possível prever trânsitos planetários, eclipses do Sol e da Lua, e até mesmo o retorno de cometas, como fez Newton algumas décadas mais tarde.

Tragicamente, Kepler morreu em 1630, um ano apenas antes que pudesse testemunhar a veracidade de seus cálculos e celebrar o triunfo de sua ciência celeste. Em sua vida turbulenta, as tragédias o perseguiam como se fossem a própria sombra, nunca desaparecendo por muito tempo. **Numa manhã fria de novembro, já com o corpo frágil pela idade e sem dinheiro, uma das maiores mentes que já passaram por esse mundo montou num pangaré velho para ir atrás de patronos que lhe deviam pagamentos atrasados.** Durante o caminho, Kepler se deparou com uma forte nevasca, que enfrentou com a persistência obstinada que marcava tudo que fazia. O grande pioneiro da mecânica celeste morreu no dia 15 de novembro, delirando pela febre alta, apontando ora para a sua cabeça, ora para os céus, balbuciando palavras ininteligíveis. Após uma vida de nômade, indo de reino em reino em busca de trabalho, seus restos também se perderam, profanados no furor destrutivo da Guerra dos Trinta Anos. No seu epitáfio, composto alguns anos antes, Kepler declarou o seu amor pela astronomia:

Na vida medi os céus, agora as sombras eu meço.
A mente ascende ao firmamento, enquanto o corpo no solo repousa.

A missão Kepler, planejada originalmente para coletar dados durante quatro anos, acabou durando nove, usando o método do trânsito para encontrar nada menos do que 2.708 exoplanetas confirmados, transformando a nossa compreensão dos sistemas planetários. O satélite foi oficialmente desligado no dia 15 de novembro de 2018, o 388º aniversário da morte de Kepler. Permanece flutuando na escuridão do espaço, seguindo a órbita da Terra em torno do Sol, como se fosse um novo planeta artificial.

Durante dez noites de agosto e setembro de 1999, uma equipe liderada pelo astrônomo norte-americano David Charbonneau usou um telescópio com um espelho de apenas 10 centímetros equipado com uma câmera de CCD extremamente sensível para seguir pela primeira vez o trânsito de um exoplaneta, no caso o exoplaneta HD 209458 b, que havia sido recentemente descoberto usando o método Doppler. (A estrela HD 209458, que hospeda esse sistema planetário, tem propriedades semelhantes ao Sol.) O planeta foi identificado como um gigante gasoso com um raio 25% maior do que o de Júpiter, mas com uma massa significativamente menor.[38]

O método teve sucesso imediato, inspirando novas buscas e acelerando o desenvolvimento de tecnologias necessárias para aumentar a precisão dos dados. Como é possível saber qual a tipologia da estrela medindo o seu espectro, o método do trânsito permite medir o diâmetro do exoplaneta: quanto maior o planeta, mais luz vinda da estrela é bloqueada. Combinando os dois métodos de detecção, Charbonneau e sua equipe conseguiram estimar a massa de HD 209458 b. Conhecendo a massa e o raio, é possível calcular a densidade, ou seja, a quantidade de massa por volume. (Por exemplo, 10 quilogramas por metro cúbico.) Finalmente, conhecendo a densidade do exoplaneta, podemos compará-la com a densidade da Terra e verificar se ele é rochoso, ou se é gasoso como Júpiter, ou, ainda, se sua densidade está entre os dois. A beleza desse método, bem como, na verdade, de toda a astronomia, é que podemos inferir as propriedades de um mundo a dezenas de anos-luz de distância sem precisar viajar até lá. Para "trazer" o mundo até nós, "basta" observar com bastante atenção a sua dança com sua estrela e medir os dados necessários.

A dificuldade do método do trânsito é que, para observar o planeta passando em frente à sua estrela, sua órbita precisa estar orientada quase que perfeitamente com relação à Terra, como um anel visto de perfil. Para exemplificar, imagine uma mariposa voando em torno de um lampião de rua. De todos os giros frenéticos que a mariposa faz em torno da luz, só veremos aqueles orientados de forma a bloquear uma fração da luz que vem na nossa direção. Quando nos distanciamos do lampião, tanto a mariposa quanto a lâmpada ficam menores e a orientação tem que ser ainda mais precisa para ser perceptível.

Encontrar exoplanetas com órbitas orientadas dessa forma requer um pouco de sorte. Felizmente, a tecnologia usada para detectar trânsitos resolve esse problema: as câmeras ultrassensíveis podem mapear a luminosidade de dezenas ou mesmo centenas de milhares de estrelas simultaneamente, selecionando apenas aquelas que apresentam uma pequena queda periódica no seu brilho, que é a marca infalível do trânsito planetário. Portanto, a baixa probabilidade de exoplanetas terem órbitas alinhadas de forma que possamos detectá-los quando passam em frente à sua estrela é compensada pelo número gigantesco de estrelas que são monitoradas ao mesmo tempo. Foi exatamente isso que a missão Kepler fez com um brilhantismo ímpar. A missão sucessora, conhecida em inglês como *Transiting Exoplanet Survey Satellite* (TESS) ou Satélite de Sondagem de Exoplanetas em Trânsito, foi lançada em 2018, obtendo também incrível sucesso.

Em setembro de 2023, TESS havia identificado 6.835 exoplanetas, dos quais 392 foram confirmados. (Todo exoplaneta que é encontrado com telescópios espaciais como Kepler e TESS usando os métodos Doppler e de trânsito precisam ser confirmados por telescópios terrestres.)

Se juntarmos os resultados até setembro de 2023, temos um total de 9.867 candidatos, dos quais 5.523 foram já confirmados como exoplanetas. Ao todo, foram encontrados 4.117 sistemas planetários.[39] Dos exoplanetas confirmados, a maioria absoluta é de planetas gasosos gigantes: 1.748 gasosos gigantes como Júpiter e Saturno, e 1.895 gasosos gigantes (mas menores) como Netuno. Dos restantes, 1.674 são chamados de "superterras", planetas rochosos como a Terra, mas com massas e raios maiores. Do total, apenas 199 são identificados como planetas terrestres, ou "como a Terra", com massa e raio semelhantes aos do nosso planeta. (Sete dos exoplanetas encontrados não foram ainda classificados.) Ou seja, do total, 3,6% são classificados como planetas terrestres. A maioria absoluta desses planetas terrestres ou mesmo das superterras tem órbitas muito mais curtas do que a Terra. Em vez dos 365 dias (um ano), como o nosso planeta, a maior parte tem órbitas que duram apenas entre 1 e 60 dias. (A nível de comparação, a órbita de Mercúrio é de 88 dias.) Essa proximidade da estrela implica em temperaturas altíssimas e muita radiação atingindo a superfície do planeta, o que não é nada bom para a vida. A menos que a estrela seja bem fria (como as do tipo M), é pouco provável que exista vida na superfície desses mundos. Também é muito provável que esses planetas mostrem sempre a mesma face para a sua estrela, em vez de girar em torno do seu eixo como a Terra faz em um dia. Ou, ainda, eles podem estar em "quase ressonância", como é o caso de Mercúrio, girando muito devagar em torno de seu eixo.[40] Esses mundos não são bons anfitriões para a vida.

Na classificação astronômica, exoplanetas "terrestres" têm massa e raio com valores entre 0,5 e 2 vezes maior do que a Terra. Se extrapolarmos esse valor, e supondo que há aproximadamente 1 trilhão de exoplanetas na nossa galáxia, em princípio cerca de 30 bilhões de mundos são terrestres. Desses, um número bem menor, mas ainda substancial (em torno de 1 bilhão), girar em torno de estrelas do tipo G, como o nosso Sol. À primeira vista, esse número parece ser gigantesco. Mas a classificação astronômica de um mundo como sendo terrestre nada diz sobre a existência de vida. Quando o foco é encontrar planetas com vida, ter massa e raio semelhantes aos da Terra é muito diferente de ser um mundo *como a Terra*. Nosso planeta é muito mais do que um planeta rochoso com certa massa e raio, girando em torno de uma estrela do tipo G uma vez por ano. A vida, em sua beleza e mistério, combina de forma única propriedades astronômicas, geofísicas, químicas e biológicas. Os dados astronômicos são um primeiro passo, definindo o *mínimo* que é preciso para que um planeta possa abrigar a vida como a conhecemos. Mas a vida requer muito mais, combinando fatores complexos que, como veremos em breve, são muito difíceis de ser duplicados.

O resultado dessa análise é que, apesar das descobertas absolutamente espetaculares da astronomia moderna, ainda não encontramos uma Terra 2.0.[41] E mesmo um exoplaneta com massa e raio como os da Terra, e ainda em órbita com duração de um ano em torno de uma estrela do tipo G, *não será outra Terra*. Sem dúvida, terá propriedades astronômicas e talvez até geofísicas semelhantes às do nosso planeta. Mas não será outra Terra. Nosso mundo é único. Existe apenas *uma* Terra na nossa galáxia e, arrisco dizer, *no universo visível inteiro*. Não existe um clone da Terra. A presença da vida muda tudo, afetando o planeta como um todo de forma única e não duplicável. Mas antes de explorarmos o porquê disso na Parte III, precisamos discutir outra questão essencial, que é como podemos detectar a vida em outros mundos, se ela existir. Para isso, temos que mergulhar fundo num dos tópicos mais fascinantes e obscuros da ciência moderna: a natureza da vida.

5
Buscando por vida em outros mundos

*Se não temos uma posição ou velocidade
ou aceleração única, ou mesmo uma origem
separada das plantas e dos outros animais,
talvez ao menos somos as criaturas
mais inteligentes do universo.
E essa é a nossa condição única.*

– Carl Sagan,
Variedades da experiência científica:
uma visão pessoal da busca por Deus

Se existe vida em algum mundo da nossa galáxia, temos três maneiras de descobri-la. A primeira, e mais óbvia, é se formos visitados por seres extraterrestres. A segunda é se conseguirmos viajar até outros mundos e encontrar vida neles. A terceira, de longe a mais realista, é obter evidência da presença de vida em outros mundos a partir de observações a distância, usando telescópios e outros instrumentos e estratégias.

Vamos examinar essas três possibilidades, começando pelas visitas por extraterrestres, de longe a menos provável.

O silêncio mais profundo

Como não encontramos qualquer evidência da presença de seres extraterrestres inteligentes no nosso sistema solar, "eles" teriam de vir de exoplanetas girando em torno de outras estrelas para chegar até aqui. Para tanto, esses alienígenas precisariam de tecnologias extremamente avançadas, muito mais do que podemos imaginar. Como disse o escritor de ficção científica Arthur C. Clarke, no que chamou de sua Terceira Lei, "uma tecnologia suficientemente avançada seria indistinguível de mágica".[1] (Para quem assistiu *2001: uma odisseia no espaço*, com roteiro de Clarke e Stanley Kubrick, ou leu o livro de Clarke, isso é bem claro.) Nossos foguetes mais rápidos demorariam em torno de 100 mil anos para viajar até a estrela mais próxima do Sol, o sistema de estrelas triplo conhecido como Alfa Centauri, a "apenas" 4,37 anos-luz daqui. Mesmo a luz, campeã absoluta de velocidade no universo, levaria quatro anos e quatro meses para chegar lá. Se viajarmos a um décimo da velocidade da luz, algo que em princípio poderia ser possível usando velas solares, a viagem tomaria mais de quatro décadas. É óbvio que, se os extraterrestres podem cobrir distâncias interestelares, necessariamente conquistaram outro patamar tecnológico. Sua tecnologia seria como mágica para nós, assim como uma chamada de vídeo num celular pareceria mágica para o meu avô.

Na literatura e no cinema não faltam cenários fantasiosos em que alienígenas (e até humanos) atravessam a galáxia de ponta a ponta, ou ainda além, pulando de galáxia em galáxia. Os mais populares costumam usar "buracos de minhoca" (ou de verme, mas acho minhoca mais simpático), também chamados de pontes de Einstein-Rosen. Esses buracos são essencialmente túneis que atravessam o espaço-tempo e que podem, ao menos em teoria, cortar caminho por distâncias gigantescas. Para que circundar o lago inteiro quando se pode atravessá-lo de barco em linha reta? Como nos túneis normais, os buracos de minhoca têm duas entradas (ou bocas) nas extremidades opostas. No entanto, diferentemente dos túneis normais, eles são uma espécie de dobra na geometria do espaço e precisam de uma física bastante exótica para existir e manter as suas bocas abertas. Quanto maior o objeto que deve passar através do túnel, maior o desafio. Em *2001: uma odisseia no espaço*, o autor Arthur C. Clarke imaginou uma civilização extraterrestre que havia construído toda uma estrutura de túneis cortando a galáxia como se fossem linhas de um sistema de metrô. No filme *Interestelar*, o sistema vai até entre galáxias. Se esse sistema existe, permanece completamente invisível para nós.

Eis um modo simplificado de visualizar um buraco de minhoca. Já que é difícil para nós imaginarmos objetos em três dimensões, vamos imaginar um buraco de minhoca em duas dimensões. (Exemplos de objetos em duas dimensões são a superfície de uma mesa ou a de um balão.) Considere uma folha de papel bem longa. Esse é o nosso "universo". Se você é uma criatura minúscula nesse universo, viajar de um ponto numa extremidade a outro na extremidade oposta toma muito tempo. Mas se o papel for dobrado na forma de um U, é fácil imaginar um túnel (ou uma ponte) conectando as duas extremidades. Passar pelo túnel, o nosso buraco de minhoca, torna a viagem bem mais curta. Infelizmente, para manter as entradas do túnel abertas é necessário um tipo de matéria muito exótico, que nem sabemos se de fato existe. Mas talvez os extraterrestres saibam, e essa seja a sua "mágica".

Esse tipo de argumento tende a gerar infinitas especulações, na maioria inúteis, mesmo que divertidas. Por exemplo, por que supor que extraterrestres com tecnologias tão avançadas estão presos a corpos que envelhecem e decaem? Como testemunhamos com a nossa experiência atual, em que tecnologias digitais são indispensáveis no nosso dia a dia e se tornam cada vez mais integradas com nosso corpo e nossa mente, podemos imaginar um futuro "transumano" em que a nossa essência mental – o que definimos como a nossa identidade individual e nossas memórias – é transformada em dados imateriais, tornando-se uma espécie de alma digital, conectada com a realidade apenas por meio da troca de informação. No seu livro *2001: uma odisseia no espaço*, Clarke imaginou extraterrestres que haviam se "livrado" de seu corpo de carbono e cálcio, ou mesmo de robôs artificiais, para existirem como uma essência incorpórea, "para que a mente pudesse finalmente se livrar da matéria [...]. E se existe alguma coisa além disso, seu nome poderia apenas ser Deus".[2]

Aqui começa a "astroteologia", que imagina seres extraterrestres como versões tecnológicas de criaturas divinas, com o subtexto (ou seria uma esperança distópica?) de que um dia chegaremos lá também. A ciência enfim conquistando a morte. Portanto, não apenas a tecnologia desses extraterrestres é como mágica para nós, como sua própria existência aparenta ser sobrenatural – omnisciente, omnipresente e indetectável pelos nossos sentidos ou instrumentos. Fantasmas digitais que assombram e controlam a nossa evolução. Existe pouca distinção entre esse tipo de alienígena e as inúmeras divindades celestes que, por milênios, povoam as nossas narrativas. Tal como com a crença no divino, sua existência é circunscrita pela dimensão intangível da fé.

E outros tipos mais convencionais de alienígenas, como aqueles que viajam pelo espaço nas séries *Guerra nas Estrelas*, *Duna* ou *Jornada nas Estrelas*? Para nosso azar (ou sorte, se você é um pessimista), se seres extraterrestres inteligentes existem na nossa galáxia, ainda não vieram nos visitar. Se vieram, ou são incrivelmente tímidos, ou sabem se esconder muito bem. Apesar de afirmações ao contrário, mesmo de cientistas com suposta credibilidade, ainda não encontramos sequer um artefato criado por uma tecnologia extraterrestre. A verdade é que foram nossos antepassados humanos, e não seres alienígenas, que construíram as pirâmides no Egito e na América Latina, assim como Stonehenge e outros monumentos milenares de grande porte. As famosas especulações do suíço Erich von Däniken, escritor best-seller, de que pinturas rupestres e obras de arte da Antiguidade representam astronautas e suas espaçonaves foram completamente desmentidas.[3] Däniken foi também acusado de racismo, dado que as culturas ancestrais a que se refere, e que supõe serem incapazes de construções arquitetônicas complexas, são nativas de regiões não europeias. Como escreveu Carl Sagan em 1980, "que escritos de natureza superficial como os de Däniken – cujo argumento principal é que os nossos antepassados eram idiotas [incapazes de construir obras de grande porte] – tenham alcançado tamanha popularidade é, antes de mais nada, um comentário triste da nossa credibilidade inocente e do desespero social de nossos tempos".[4]

Infelizmente, esse desespero e credibilidade apenas cresceu nas quatro décadas após Sagan ter escrito essas palavras. Por coincidência, escrevi estas linhas no mesmo dia em que o Congresso dos Estados Unidos teve a primeira audiência pública sobre óvnis desde a década de 1960. A grande novidade é que os óvnis, ou objetos voadores não identificados, agora são chamados de FANIs, "Fenômenos Aéreos Não Identificados". A maior ameaça, afirmam os membros do congresso, talvez não venha de outros mundos mas deste mesmo, em particular de objetos voadores experimentais construídos pela Rússia e China. O surpreendente é que muita gente ainda duvida disso, mesmo que objetos voadores criados por nossa própria tecnologia sejam *muito* mais plausíveis do que objetos vindos de outros sistemas planetários. Na verdade, o que é de fato estranho não são as misteriosas luzes nos céus, mas a ausência de contato, o profundo silêncio que permeia o espaço interestelar. Esse silêncio absoluto aponta para uma realidade que devemos urgentemente aceitar: a nossa solidão cósmica.

Apesar das tantas histórias de avistamentos de óvnis e de abduções de humanos por extraterrestres, a verdade é que não temos qualquer tipo de evidência de caráter irrefutável comprovando que fomos visitados por alienígenas capazes de cruzar distâncias interestelares, seja para nos brindar com sua sabedoria, seja para nos destruir. Pelo menos por agora, uma visita ou um encontro com extraterrestres permanece no mundo da ficção. Mencionamos alguns desses textos antes, de Luciano na Roma Antiga e Kepler no início do século XVII até H. G. Wells na virada do século XX e Clarke mais recentemente. Como demonstra o nosso fascínio com filmes e histórias de ficção científica, o alienígena imaginário, o "outro que vem do espaço", sempre foi um espelho da humanidade. "Eles" farão conosco o que já fizemos com nós mesmos. "Eles" são as tribos que invadem as terras de outras tribos para roubar, estuprar, matar e escravizar. "Eles" são os colonizadores europeus que invadiram as Américas, a África e o sudeste asiático, em busca de bens materiais e de expansão econômica, com total desprezo pelos valores culturais e pela liberdade das culturas indígenas locais. Isso sem falar da destruição dos animais, das florestas, dos campos e dos rios por onde passavam e plantavam. "Eles" são os impérios expansionistas com um ideal culturalmente construído de superioridade, desenhado para oprimir as outras culturas que encontravam pelo caminho. "Eles" são os perpetradores dos horrores do Holocausto e dos inúmeros genocídios que permeiam a nossa história.

"Nós e eles" sempre foi sobre nós. O medo do outro é um espelho do medo que temos de nós mesmos, do que seres humanos são capazes de fazer com outros seres humanos. Como uma criança num quarto escuro, nós projetamos no silêncio profundo do espaço sideral a ansiedade de lidar com a nossa solidão cósmica, com o terror de que estamos aqui sozinhos, de que somos os únicos responsáveis pela decisão de como proceder daqui para a frente: continuando essa nossa narrativa destrutiva de progresso a qualquer custo, ou criando uma nova visão de mundo, em que entendemos a necessidade de nos unirmos como espécie para beneficiar o maior número de pessoas e o planeta que nos abriga. Essa é a encruzilhada moral que precisamos confrontar com a maior urgência, especialmente se nossa intenção é preservar o nosso projeto de civilização. A alternativa, que me parece trágica e inaceitável, seria apagar a memória de um universo que só existe através da nossa voz.

Viajando até a Lua (e além)

Um número incontável de mundos nos espera em meio às estrelas distantes. Mas viajar até elas, ao menos nas próximas décadas, é impossível. Não que exista uma lei da natureza que proíba tais viagens. As barreiras são fisiológicas e tecnológicas. Os sistemas atuais de propulsão de foguetes não atingem velocidades altas o suficiente para atravessarmos distâncias interestelares em tempos realistas. Nosso corpo não evoluiu para sobreviver em baixa gravidade por muito tempo, por anos e mesmo décadas. No espaço, a densidade óssea diminui rapidamente, e fraturas podem ocorrer com facilidade. Também perdemos massa muscular e fisicamente enfraquecemos. Nosso emocional também sofre após períodos longos de isolamento e solidão.

Evoluímos durante centenas de milhares de anos para existir neste planeta, sob condições específicas de temperatura, pressão atmosférica e composição do ar. Evoluímos sob a ação da gravidade terrestre, que determina a nossa altura média, a nossa densidade óssea e força muscular. Quando saímos da Terra, temos que levar um pouco dela conosco, o mínimo que precisamos para sobreviver: ar rico em oxigênio, temperatura equilibrada, nossa comida e medicamentos. Infelizmente, transportar esse pedacinho da Terra para o espaço custa muito dinheiro e energia. Daí as limitações do programa espacial com astronautas humanos. O que temos feito muito bem, e com incrível sucesso nas últimas décadas, é enviar sondas para os mundos que podemos atingir com nossa tecnologia atual – os mundos do nosso sistema solar.

As últimas décadas serão lembradas na história como a era da exploração do sistema solar. Conseguimos pousar em Marte e explorar partes de sua superfície com jipes especiais e até um helicóptero. Enviamos sondas a todos os planetas do nosso sistema, incluindo Plutão, agora demovido a um "planeta anão". As sondas *Voyager* 1 e 2, ambas lançadas em 1977, continuam funcionando, agora explorando o espaço interestelar além do sistema solar. Mapeamos, medimos, fotografamos, coletamos amostras e orbitamos dezenas de mundos em nossa vizinhança planetária. Os jipes marcianos continuam explorando a superfície do planeta vermelho e até o seu subsolo, em busca de algum sinal de vida, presente ou passada. Sondas passando perto de algumas das luas de Júpiter e Saturno descobriram oceanos cobertos por espessas camadas de gelo, vulcões e gêiseres ativos jorrando vapor d'água misturado com compostos orgânicos e minerais diversos, lagos e rios onde flui metano líquido e outros compostos ligados à vida. Essas descobertas impressionantes e surpreendentes são uma pequena amostra da incrível variedade de mundos espalhados pela nossa galáxia, cada um diferente, cada um com a própria história. Mas a lição mais importante que aprendemos explorando esses mundos distantes e inóspitos é quanto devemos apreciar e valorizar o nosso planeta, um raro oásis para a vida. O espaço sideral é terrivelmente hostil para nós humanos.

Entre julho de 1969 e dezembro de 1972, a Nasa conseguiu pousar seis missões tripuladas na Lua. Doze seres humanos das missões Apolo deixaram as suas pegadas no nosso árido e desolado satélite natural. Desde então, nenhum outro astronauta pisou na Lua ou em outro mundo. Isso porque enviar sondas robóticas para mundos distantes é uma opção bem mais segura e econômica. Essa situação deve mudar nas próximas décadas, com voos tripulados para a Lua e para Marte planejados, expandindo nossa exploração do sistema solar. Contudo, é difícil contemplar uma visita a mundos mais distantes do que Marte; os desafios são enormes tanto em termos financeiros quanto em termos médicos.

No livro *2001: uma odisseia no espaço*, Clarke imaginou que 2001 seria o ano em que seres humanos chegariam a Saturno. (No filme, o destino era Júpiter.)[5] Sem dúvida, essa estimativa foi um tanto otimista, dado que astronautas ainda não pousaram em Marte. Mas quando assisti ao filme pela primeira vez, em 1969, aos 10 anos, minha imaginação explodiu com o que poderia ser o nosso futuro no espaço. Até onde podemos chegar? O que podemos encontrar nesses outros mundos? Como eu poderia participar dessa grande aventura? Em 1969, o ano 2001 representava um futuro ainda bem distante, cheio de possibilidades e de sonhos. A ciência do futuro parecia ser mesmo mágica, mas uma mágica que *nós* fizemos acontecer, não seres extraterrestres. Foi então que entendi que queria ser um desses mágicos, daqueles que flertam com o desconhecido para fazer avançar o conhecimento humano, transformando imaginação em realidade. Talvez não tenhamos ainda pousado em Marte ou viajado além de Júpiter e Saturno; mas, na nossa insaciável busca por respostas, nossas sondas exploraram os confins do sistema solar, descobrindo mundos misteriosos e encantados. Até agora, não encontramos qualquer traço de vida extraterrestre, no passado ou no presente. Apesar de nosso desejo de encontrar alguma companhia no espaço, os mundos do nosso sistema solar não parecem abrigar a vida. Pelo menos por aqui estamos mesmo sozinhos.

Buscando por vida extraterrestre

Se seres alienígenas não nos visitaram e o sistema solar não parece acolher a vida, a solução é buscar mais longe. Dado que viagens interestelares são um projeto para um futuro ainda bem distante, o que podemos fazer agora é explorar o espaço à procura de pistas. Se existem seres inteligentes em outro mundo, e se eles desenvolveram tecnologias capazes de transmitir informação por meio de ondas eletromagnéticas – como fazemos com nossas ondas de rádio e micro-ondas –, talvez seja possível ouvi-los. Detectar mensagens enviadas por seres extraterrestres é o foco do programa conhecido como SETI (do inglês *Search for Extraterrestrial Intelligence*), ou Busca por Inteligência Extraterrestre. Nas últimas cinco décadas, cientistas trabalhando no projeto estão varrendo os céus da nossa vizinhança galáctica na tentativa de detectar e decodificar sinais de rádio emitidos por civilizações extraterrestres tecnológicas. Descontando alguns alarmes falsos, até o momento nada de promissor foi encontrado. Existem muitas razões para isso, que discutiremos a seguir. Por ora, basta dizer que o silêncio profundo persiste, apesar dos enormes esforços e dedicação dos cientistas do SETI.

Por sorte, existem outros modos de buscar evidência de vida fora da Terra. Se os ETs não estão enviando mensagens que podemos detectar, talvez seja possível achá-los de outro modo. Alguns projetos ligados ao programa SETI usam telescópios extremamente potentes para procurar obras de engenharia de impacto planetário ou até estelar em sistemas planetários distantes. Talvez, como nós, eles tenham construído grandes canais ou muralhas como a da China, ou mesmo represas fluviais em escalas que podemos ver a distância, ou algo que nem podemos imaginar. Mesmo que essa possibilidade seja promissora, a opção mais realista e imediata é verificar sinais de vida por meio do que chamamos de *bioassinaturas*, sinais de atividade biológica que impactam a atmosfera dos exoplanetas. Essa é a opção que mais interessa à maioria dos cientistas trabalhando em astrobiologia; de longe, é a que tem a maior probabilidade de sucesso. Como disse a minha ex-aluna de doutorado Sara Imari Walker, hoje professora na Universidade Estadual do Arizona, "a vida não apenas ocorre em um planeta; a vida transforma um planeta". Isso sem dúvida é verdade aqui na Terra, e muito provavelmente também será em outros planetas que hospedam a vida: ao se espalhar pelo mundo, a vida cria uma biosfera com atividade em escala global.

Hoje sabemos que a maioria das estrelas tem planetas girando à sua volta e temos dados suficientes para agrupá-los em algumas categorias: gigantes gasosos de tamanho semelhante a Netuno; e, como vimos, Júpiter quente, superterra, e terrestre, definidos como planetas rochosos com um raio entre 0,5 e 2 vezes o da Terra. Dado que a formação das estrelas segue as mesmas leis da física em todo o universo, é razoável supor (uma indução bem fundamentada!) que a mesma classificação vale na nossa galáxia e em outras. Planetas são um pouco como flocos de neve: todos têm as mesmas propriedades básicas, mas não existem dois iguais. A grande pergunta, portanto, é se um subgrupo desses exoplanetas tem propriedades semelhantes às da Terra. Em outras palavras, como determinar se o nosso planeta é raro ou comum?

Para responder, devemos antes considerar que cada planeta tem uma história de formação única, que depende das concentrações dos elementos químicos presentes – como o ferro, o carbono, o silício etc. –, da distância até a sua estrela (ou estrelas, se houver mais de uma), dos planetas em sua vizinhança (ou se não há um planeta vizinho), do número de suas luas e dos seus tamanhos e distâncias, e da história de suas colisões com asteroides e cometas (e até outros protoplanetas) durante a sua formação e infância. Portanto, um exoplaneta com massa e raio similares aos da Terra em órbita em torno de uma estrela do tipo G uma vez por ano *não* é um clone do nosso planeta. Ter propriedades astronômicas parecidas é apenas o mínimo necessário para se identificar mundos com a possibilidade de hospedar formas de vida semelhantes às que encontramos aqui. Como mencionamos e vamos explorar em maior detalhe em breve, para a vida surgir e se espalhar num planeta ou lua é necessário muito mais. Para entendermos por que a Terra é um mundo especial, precisamos contar a sua história juntamente com a história da vida: a história de um planeta com vida e a história da vida nesse planeta são inseparáveis.

O método do trânsito, que introduzimos no capítulo anterior como uma estratégia que nos permite achar exoplanetas, oferece, também, a possibilidade de encontrarmos sinais de vida em alguns desses mundos. Quando um planeta passa diante de sua estrela, uma pequena fração da luz estelar é absorvida por sua atmosfera. Isso ocorre porque cada composto químico absorve e emite luz em comprimentos de onda específicos, conhecidos como *linhas espectrais*. O conjunto dessas linhas constitui o que chamamos de *assinatura espectral* ou *espectro* do composto químico. Da mesma forma que cada pessoa tem impressões digitais únicas, as linhas espectrais do elemento cálcio são diferentes das do hidrogênio, do metano, da amônia, da água etc.[6]

Já que cada atmosfera planetária tem uma composição química única, ela terá, também, uma assinatura espectral única. (Como as impressões digitais de todos os seus dedos.) Esse espectro é um catálogo de todos os compostos químicos presentes na atmosfera desse mundo. A assinatura espectral das atmosferas é chamada de *espectro de absorção*, já que os compostos químicos presentes na atmosfera estão absorvendo a luz da estrela. Esse espectro é coletado e analisado, e, a partir disso, é possível deduzir a composição química da atmosfera. Será que achamos água (H_2O)? Dióxido de carbono (CO_2)? Metano (CH_4)? Talvez combinações de compostos químicos que aparecem apenas quando a vida é presente? Esse é o trabalho de detetive da astronomia, decifrar espectros que revelem a composição química de mundos distantes. No caso da astrobiologia, a esperança é que esses espectros possam revelar a presença de vida em outros mundos.

A vida, quando é abundante como aqui, imprime a sua presença na atmosfera do planeta de forma indelével. Se sabemos quais os compostos químicos ligados à vida, podemos procurar por eles nas atmosferas de outros mundos usando o seu espectro de absorção. Essas são as chamadas bioassinaturas. Como modelo, podemos imaginar a Terra vista de longe. Um cientista extraterrestre estudando a nossa atmosfera identificaria a presença de água, dióxido de carbono, oxigênio, metano, ozônio, dentre outros compostos. Essa combinação (e certos pares específicos de compostos) é a assinatura de que a vida não só existe como é extremamente ativa aqui, interagindo de forma contínua com a atmosfera do planeta e deixando a sua marca. Encontrar apenas água ou dióxido de carbono não é prova suficiente para a existência da vida. Um planeta com vida é uma entidade dinâmica, onde processos geológicos e biológicos agem e interagem conjuntamente. Quando a vida se espalha por um planeta, os dois se tornam inseparáveis, formando uma entidade única. A Terra respira e pulsa com a respiração das plantas e dos animais. A vida migra de acordo com o clima e, por sua vez, o afeta. A vida transforma o planeta e o planeta transforma a vida. A história da vida num planeta e a história de um planeta com vida são a mesma, entrelaçada através de eras que se estendem por bilhões de anos, se perdendo num passado inescrutável.

PARTE III
O DESPERTAR DO UNIVERSO

6

O mistério da vida

> *Se (e que grande se) imaginarmos uma pequena poça com água tépida, repleta de sais de amônia e de fósforo – e adicionando luz, calor, eletricidade também, de modo que uma proteína se formasse quimicamente, pronta para passar por outras transformações. Se isso ocorresse agora, essa matéria seria imediatamente devorada ou absorvida, o que não teria ocorrido antes de as primeiras criaturas terem surgido.*
>
> – Charles Darwin, Carta para Joseph Dalton Hooker,
> 1º de fevereiro de 1871

Um enigma persistente

A vida, mesmo que tão comum, continua a ser um profundo mistério científico. Por incrível que pareça, ainda não temos uma definição de vida que seja aceita pela comunidade científica, ou uma explicação de como ela se originou aqui na Terra. Ou seja, não sabemos o que é a vida ou como ela surgiu. É razoável supor que essas duas questões devam estar relacionadas. Afinal, é difícil imaginar o que é a vida sem entender como ela surgiu.

Sabemos que a vida existe em pelo menos um mundo, o nosso. Por isso, ao pensarmos em vida, nós o fazemos como a conhecemos aqui. Quando cientistas falam de encontrar vida em outros mundos, estão se referindo à vida como a conhecemos: compostos de carbono, água como solvente etc. Na ausência de uma definição geral, a Nasa adota uma definição operacional, segundo a qual a vida é "um sistema de reações químicas autossuficiente, capaz de se reproduzir e que segue o processo darwiniano de evolução por seleção natural". Portanto, a vida metaboliza energia, se reproduz, e se transforma ao longo do tempo. Mas mesmo que tenhamos aprendido muito sobre o que os seres vivos fazem – e o progresso em biologia no último século foi espetacular –, continuamos sem entender a sua origem (ou origens). Infelizmente, não podemos retornar 4 bilhões de anos para visitar a Terra primordial e presenciar como uma sopa de compostos químicos inorgânicos (não relacionados com a vida) se transformou, após algumas reações, em uma sopa contendo compostos orgânicos complexos, como aminoácidos e proteínas (relacionados com a vida). Mais misterioso ainda, eventualmente esses compostos foram circundados por uma membrana e "descobriram" como se alimentar e se reproduzir. De algum modo, em algum lugar na Terra primordial, matéria inanimada se transformou em matéria viva, marcando a origem dos primeiros organismos unicelulares.

Cada um desses passos, e os muitos outros que os seguiram na história da evolução da vida, é extremamente complexo e imprevisível. No momento, temos apenas um conhecimento fragmentário do que pode ter ocorrido aqui há bilhões de anos. Para complicar ainda mais, alguns dos detalhes são incognoscíveis, perdidos nas brumas do tempo. Encontrar evidência de vida primitiva não é a mesma coisa que encontrar evidência da *primeira* vida. Como poderíamos nos certificar de que certo passo relacionado com a vida primordial é, de fato, evidência da primeira criatura viva na Terra? Mesmo que alguém consiga sintetizar a vida artificialmente em laboratório a partir de compostos orgânicos não vivos, como ter certeza de que esse foi o mesmo caminho que a vida tomou aqui há mais de 3,5 bilhões de anos? Para muitos cientistas, talvez seja difícil admitir, mas, quando o assunto é a origem da vida, temos de aceitar que essa será sempre uma história sem um começo claro. O conhecimento sobre a origem da vida na Terra é impenetrável.

Isso não significa que esse seja o fim da história. Perguntas sem uma resposta não são um impedimento para o conhecimento. Pelo contrário, são uma inspiração. Mesmo que não sejamos capazes de decifrar definitivamente o que ocorreu no nosso planeta há bilhões de anos, aprendemos e aprenderemos muito tentando. Graças à astronomia moderna, hoje sabemos que existe um número gigantesco de mundos na nossa galáxia e nas outras espalhadas pelo universo. Portanto, é natural supor que a vida tenha surgido em muitos deles, e que ainda possa fazê-lo. Ainda assim, essa suposição precisa ser considerada com muita cautela. A vida não surge de forma automática, como se estivesse programada. A biologia redefine essas expectativas, já que transforma a origem e a evolução da vida em cada mundo em um experimento único, com os próprios resultados, sejam positivos, como aqui, ou negativos. Quando consideramos a possibilidade de vida extraterrestre, precisamos de uma visão de mundo pós-copernicana, no qual a astronomia e a biologia se interconectam. A existência de muitos mundos, mesmo que sejam "como a Terra", no sentido astronômico (massa e raio semelhantes), não implica na existência de muitos mundos vivos.

A epígrafe que abre este capítulo, de uma carta que Darwin escreveu a um amigo, resume bem como ele imaginava a origem da vida: uma sopa de compostos químicos ricos em fósforo e nitrogênio, em um meio aquoso banhado pela luz do Sol, calor e eletricidade, de alguma forma conjurou a formação de alguns aminoácidos que se juntaram para formar proteínas simples. Seguindo a linha das especulações de Darwin, essa sopa, isolada do ambiente externo por uma espécie de membrana, talvez uma gota microscópica de gordura, foi evoluindo e gerando compostos mais complexos, até eventualmente se transformar num conjunto de reações químicas capaz de se reproduzir. Vida! Para Darwin, assim como para muitos cientistas hoje, a *abiogênese*, a transição da matéria não viva para a matéria viva, ocorreu na Terra primitiva, talvez estimulada por uma faísca elétrica, possivelmente vinda de raios gerados durante uma erupção vulcânica. É difícil imaginar esse cenário e não pensar no doutor Victor von Frankenstein e seu experimento macabro, usando eletricidade para ressuscitar os mortos. Já outros cientistas, como o Prêmio Nobel Svante Arrhenius e, mais recentemente, Iosif Shklovsky e Carl Sagan, assim como Francis Crick (também Prêmio Nobel) e Leslie Orgel, defendem a possibilidade de que a vida na Terra veio do espaço, uma semente extraterrestre que brotou aqui, num processo conhecido como *panspermia*.[1]

Mesmo que a hipótese da panspermia seja fascinante, ela empurra a questão da origem da vida para outro mundo ou, talvez, um cenário de ficção científica onde seres extraterrestres inteligentes semeiam a vida na galáxia, sem nos ajudar a entender como essas sementes surgiram em primeiro lugar. Se conseguíssemos comprovar que a vida na Terra veio de outro mundo, intencionalmente ou não, ainda assim não saberíamos como a vida surgiu nesse lugar.

A panspermia como explicação da origem da vida na Terra é a versão biológica do famoso argumento "são tartarugas daqui para baixo" dado como resposta para a origem do universo.[2] Se postulamos que o universo surgiu de um estado quântico inicial, conforme sugerem os modelos modernos da cosmologia quântica, podemos sempre perguntar: "E de onde veio esse estado quântico em particular? Ou como as suas propriedades foram definidas?" Essencialmente, o problema vem da nossa dificuldade de compreender o começo de uma cadeia lógica de causa e efeito, a origem do "primeiro" elo dessa cadeia, a Primeira Causa, a que não foi causada por uma causa anterior. (Do contrário, seria necessária uma causa anterior, e essa precisaria de outra, que precisaria de outra etc.) Como no caso da origem do universo, a origem da vida também sofre do mesmo problema da Primeira Causa, já que não sabemos como formular a passagem enigmática da não vida para a vida em termos causais. Existem pontos cegos tanto na Primeira Causa da cosmogênese (sobre a origem do cosmo) quanto na biogênese (sobre a origem da vida). E esses pontos cegos representam limites conceituais das nossas explicações científicas.[3]

A questão da origem da vida é um tópico de pesquisa extremamente ativo. Alguns cientistas consideram a questão parte da astrobiologia, enquanto outros veem a origem da vida como uma questão independente, com raízes na bioquímica e na biologia celular. A atitude geral dos cientistas é pragmática, algo como "cale-se e faça experimentos!", evitando nadar nas águas turbulentas de definições a respeito ou interpretações da natureza da vida.[4] Nas ciências biológicas, o laboratório é onde obtemos conhecimento sobre as criaturas vivas. Obviamente, é lá que cientistas tendem a focar a sua pesquisa, trabalhando em questões que possam levar a hipóteses testáveis. Enquanto uma minoria espera que esses experimentos venham a iluminar aspectos da vida e de seu funcionamento, a maioria ignora questões mais fundamentais como meras distrações, deixando de lado considerações filosóficas que consideram não ter muita utilidade no avanço da ciência. Com isso, não é de surpreender que várias questões conceituais fundamentais deixem de ser abordadas ou respondidas.

Como exemplo, vamos considerar uma hipótese conhecida como o "mundo RNA", com base na suposição de que a genética precedeu o metabolismo no desenvolvimento da vida primitiva e que o RNA é inicialmente quem domina a evolução da vida.[5] Mesmo que essa hipótese seja interessante ao estudarmos a evolução da vida de um estado mais primitivo a um mais complexo, a questão é se experimentos com RNA podem nos ensinar algo de fundamental sobre a origem da vida ou mesmo como as primeiras criaturas começaram a se reproduzir. Afinal, as moléculas de RNA são já extremamente complexas, compostas por bilhões de átomos e capazes de armazenar informação genética e de catalisar (acelerar e/ou facilitar) reações químicas. É bem provável que as raízes evolucionárias da vida primordial tinham usado sistemas reprodutivos bem mais simples. Também me parece razoável supor que esses primeiros sistemas reprodutivos precisaram metabolizar energia *antes* de poder se reproduzir: qualquer tipo de vida precisa se alimentar antes de se multiplicar.[6]

Mesmo que experimentos explorando o mundo RNA sejam essenciais para elucidar detalhes dos mecanismos evolucionários moleculares,[7] é difícil imaginar como eles podem nos ensinar algo sobre os primeiros passos da vida. A nível de comparação, se analisarmos a engenharia de uma espaçonave moderna da Nasa, pouco aprenderemos sobre os primeiros passos da aviação, com seus balões e dirigíveis.

A geologia acrescenta mais uma complicação para a hipótese do mundo RNA, visto que é extremamente difícil obter evidência de atividade metabólica impressa nas rochas da época em que a vida se originou na Terra, entre 3,8 e 3,5 bilhões de anos atrás. A verdade é que, sob a perspectiva da origem da vida, o cenário do mundo RNA é atraente sobretudo porque cientistas podem realizar experimentos em seus laboratórios envolvendo reações moleculares complexas, não porque aprenderão algo sobre os primeiros passos que a vida deu, quando cadeias de átomos de carbono cresceram para formar compostos orgânicos mais complexos. A situação é um pouco semelhante ao sujeito que perdeu as chaves do carro à noite num estacionamento bem grande. Naturalmente, ele vai procurar nos lugares que estão mais bem iluminados; não porque é onde as chaves estão, mas porque é onde pode enxergar alguma coisa. No processo, ele pode até encontrar alguns objetos interessantes, como moedas ou brincos. Mas dada a enorme superfície do estacionamento, a probabilidade maior é que tenha perdido suas chaves numa área mal iluminada.

Por que é tão difícil decifrar a vida?

Mesmo considerando os avanços espetaculares da bioquímica e da genética nas últimas décadas, é difícil antecipar se a pergunta "Como a vida surgiu na Terra?" poderá ser respondida. Isso não significa de modo algum que estou afirmando se tratar de um tipo de fenômeno sobrenatural. A vida é um fenômeno perfeitamente natural. O problema é de falta de informação, ao tentarmos reconstruir, com poucas pistas, o que ocorreu num tempo perdido no passado distante. Dada a dificuldade de obtermos informação sobre as condições ambientais e as possíveis trajetórias bioquímicas que levaram à primeira vida em torno de 3,5 bilhões de anos atrás (ou talvez antes, não sabemos), como podemos avaliar mecanismos propostos em laboratórios modernos? E como saber se o que detectamos como sinais de vida na Terra primordial são, de fato, os *primeiros* sinais de vida? Portanto, mesmo que funcione, não podemos garantir que a estratégia tradicional de criar no laboratório uma cadeia de reações químicas que levem da não vida à vida – o que seria absolutamente fantástico – é a mesma que ocorreu na Terra primordial. Ou seja, a menos que seja possível provar que existe apenas uma ou bem poucas cadeias de reações químicas que levam da não vida à vida, não podemos nos certificar de que reproduzimos o mesmo processo no laboratório. E essa prova não parece existir.[8]

Sair da Terra em busca de vida torna a questão ainda mais complicada. A menos que seja possível provar que a vida adota leis e processos bioquímicos semelhantes em todo o universo, não temos como assegurar que a vida em outros mundos será parecida com a vida aqui. Mesmo que fosse possível mapear os processos químicos que levaram à vida na Terra, a "vida como a conhecemos", não significa necessariamente que vamos entender algo sobre a natureza da vida em outros mundos. A certeza que temos de que as leis da física e da química são as mesmas em todo o universo não existe nas ciências biológicas. A biologia não segue as leis determinísticas da mecânica. A evolução da vida pela seleção natural depende da aleatoriedade das mutações genéticas (quando sequências de genes mudam devido a diversas causas), de flutuações climáticas e ambientais complexas e imprevisíveis (como erupções vulcânicas ou impactos com asteroides) ou dos *loops* de feedback não lineares que acoplam a biosfera a diversos fenômenos geofísicos.

Muitos cientistas e filósofos argumentam que insistir em aplicar o que sabemos da vida aqui na Terra à vida em outros mundos mais atrapalha do que ajuda a descobri-la ou identificá-la.[9] Definições sobre ela limitam seu significado a um escopo que pode ser pequeno para abranger algo tão complexo e desconhecido. (Para exemplificar, se definimos uma bola como sendo uma esfera perfeitamente simétrica, o que fazer com uma bola furada?) Contudo, se não temos uma definição para a vida, como podemos recriá-la no laboratório ou nos certificar de que podemos identificá-la em outro mundo, onde a vida pode ser muito diferente da que temos aqui? A Nasa e outras agências científicas reconhecem esse problema. Para tentar remediá-lo, em 2019 a Nasa criou o Laboratório de Bioassinaturas Agnósticas, que visa inspirar cientistas a pensar sobre a vida de forma não tradicional, buscando por atividades biológicas exóticas.[10] A estratégia adotada é deixar de lado a questão de "O que a vida é" e focar em "O que a vida faz", que é bem mais pragmática.[11] Por exemplo, criaturas alienígenas podem ter uma química bem mais complexa, que deixa rastros bem diferentes no ambiente em que vivem dos que conhecemos; ou, talvez, outros mundos podem ter atmosferas com uma química peculiar que indica a presença de algum tipo de atividade biológica.

Infelizmente, quando consideramos os tipos de vida que podem existir no universo, estamos limitados a apenas um exemplo – a vida na Terra. Mesmo que eventualmente seja possível diferenciar vida terrestre e extraterrestre, isso depende da "vida como a conhecemos" *versus* a "vida como não a conhecemos". O que complica tudo é que não somos capazes de sequer iniciar essa busca usando a "vida como a conhecemos"; temos muito ainda a aprender sobre a evolução da vida aqui, a partir de bilhões de anos no passado do planeta: em outros lugares, a vida com certeza terá evoluído de forma muito diferente, mesmo com uma estrutura bioquímica similar à da vida na Terra. Isso porque a vida coevolui com o planeta, sendo afetada por ele e, ao mesmo tempo, afetando o planeta como um todo.

Seria fantástico se pudéssemos afirmar, com a confiança dos físicos e dos químicos, que as leis da biologia são as mesmas por todo o universo. Isso é possível na física e na química porque podemos estudar inúmeros fenômenos físicos e químicos que ocorrem espaço afora e confirmam a universalidade das leis físicas: por exemplo, a conservação de energia, as forças fundamentais entre as partículas de matéria, as forças elétricas entre os átomos e entre as moléculas, a ação da gravidade em sistemas planetários, em aglomerados de galáxias e até na expansão do universo, os 94 elementos químicos que ocorrem naturalmente, forjados em estrelas e no decaimento radioativo etc.

Entretanto, a teoria da evolução por seleção natural é uma ideia extremamente poderosa, e é difícil imaginar que a vida possa existir em qualquer lugar sem seguir as suas regras básicas. Afinal, qualquer forma de vida precisa de recursos em um ambiente natural limitado que, para complicar, muda com o tempo. (Secas, geadas, furações, vulcões...) Sabemos que criaturas vivas precisam comer; para isso, precisam achar comida. Portanto, todas as criaturas buscam por comida no ambiente em que vivem. Se não podem se locomover, criam raízes para dentro da terra e se estendem ao céu em busca da luz do Sol. Mesmo assim, o vasto espaço de possibilidades que resulta das combinações químicas e dos ambientes que levam à vida unicelular e de lá à vida complexa não permite generalizações. À medida que a matéria vai se organizando em estruturas mais complexas, novas leis são necessárias para descrever o seu comportamento. Como escreveu o físico vencedor do Prêmio Nobel Philip Anderson: "Mais é diferente." Não é possível, ou útil, tentar descrever o funcionamento de uma célula estudando os movimentos dos elétrons e dos quarks em seus átomos. Essa é uma fantasia reducionista, que na prática não faz sentido. Como afirmou Anderson, "a habilidade de reduzir tudo a leis fundamentais simples não implica que seja possível partir dessas leis para reconstruir o universo".[12]

A evolução da vida expressa um compromisso complexo entre forças que agem no coração da matéria (em inglês, *bottom-up*) e ações causais que vêm do ambiente em que a vida existe (em inglês, *top-down*). Aquilo que em física é chamado de "condições de contorno" – os parâmetros externos ao sistema que está sendo estudado e que determinam a sua evolução (por exemplo, uma bola rolando numa mesa com barreiras nos quatro lados não pode cair no chão, a temperatura de um congelador vai determinar se a água armazenada no freezer congela ou não etc.) – nos sistemas vivos se torna imprevisível, dado o enorme número de possibilidades evolucionárias que se apresentam. Como modelar o impacto da colisão de um asteroide na fauna e flora de uma floresta tropical? Qualquer modelo que tente descrever como o sistema vai evoluir deve necessariamente introduzir uma série de simplificações drásticas que, em geral, limitam o seu sucesso.

O grande biólogo Ernst Mayr criou uma lista que demonstra como as ciências biológicas requerem outro tipo de conceituação: "A rejeição de um determinismo estrito e de leis universais; a aceitação de previsões necessariamente probabilísticas e de narrativas históricas; o reconhecimento do papel essencial de conceitos na construção de teorias; o reconhecimento do conceito de população e do papel único de indivíduos."[13] Essa posição foi defendida com eloquência pelo biólogo teórico Stuart Kauffman na sua descrição de uma biosfera em permanente evolução: "Uma biosfera se transforma constantemente, de modo impenetrável [...] que não podemos prever mas que, de alguma forma, é coerente. A biosfera continuou a florescer, mesmo após várias extinções em massa, quando 99% das espécies desapareceram. E continua ainda, sempre em transformação, além do que podemos antever."[14] Dados os primeiros organismos unicelulares que surgiram aqui, quem poderia prever dinossauros ou borboletas? Existem diferenças profundas entre a matéria não viva e a matéria viva. E determinar que diferenças são essas é bem mais difícil do que pode parecer.

Como diferenciar o vivo do não vivo?

Para ilustrar algumas das dificuldades na definição da vida, vamos considerar três sistemas físicos bem diferentes: incêndios, furacões e estrelas. Esses três sistemas físicos, que pertencem a uma classe que chamamos de "estruturas dissipativas fora de equilíbrio", têm propriedades que se assemelham muito com as de seres vivos, sendo essencialmente sistemas organizados que evoluem em direção a um equilíbrio que, se atingido, representa o seu fim. De certa forma, essas estruturas perpetuam a sua existência devido a uma tensão que as sustenta. Quando a tensão é atenuada, elas se esvanecem. Mas sabemos que incêndios, furacões e estrelas não estão vivos. A vida é uma espécie de tensão que se perpetua na matéria e que a impele a existir; é o coração que bate, a fome e a sede que precisam ser saciadas, o ímpeto de continuar a viver – tudo isso cessa apenas com a morte. No caso da vida, a morte é o estado de equilíbrio final, o fim da tensão que sustenta a nossa existência material. Ao diferenciarmos entre esses sistemas físicos e os seres vivos, aprendemos mais sobre o que a vida *faz*, deixando de lado a questão bem mais complexa do que a vida *é*, mesmo que esses dois aspectos estejam entrelaçados em um todo irredutível.

Vamos começar analisando incêndios. Como sabemos, qualquer incêndio tende a se espalhar de forma natural, "alimentando-se" do ambiente em volta. Para continuar a queimar, incêndios consomem oxigênio, sendo, como são os seres vivos, o que chamamos de "sistemas termodinâmicos abertos": precisamos comer para sobreviver e eliminar o que não usamos, portanto, completamente dependentes do ambiente. Dadas as condições adequadas, incêndios podem se alastrar com rapidez, muitas vezes com consequências devastadoras. Mas eu sei e você sabe que incêndios não estão vivos. Ninguém considera um incêndio um ser vivo que se reproduz. Também não qualificamos a combustão de oxigênio como um processo metabólico. Por que essas distinções entre incêndios e seres vivos? Para começar, incêndios não têm uma história: eles não passam sua herança genética de geração em geração. Também não têm estratégias de sobrevivência. Quando um incêndio numa floresta avança na direção de um rio, ele continuará a queimar o que encontrar pelo caminho até chegar na beira d'água, eventualmente morrendo ali. Incêndios não buscam caminhos alternativos onde existe combustível para que possam continuar a queimar.

E os furacões? Assim como os incêndios e os seres vivos, furacões também são estruturas dissipativas fora de equilíbrio, necessitando de condições ambientais adequadas para se formar e persistir durante um tempo. Furacões se "locomovem" e dependem de condições atmosféricas locais de temperatura, pressão, umidade do ar e velocidade dos ventos para se manter. A Grande Mancha Vermelha de Júpiter, por exemplo, é uma tempestade anticiclônica gigantesca que perdura há pelo menos quatrocentos anos. Mas, tal como com incêndios, não consideramos que furacões são seres vivos.

As estrelas são semelhantes. Elas persistem por períodos de centenas de milhões a dezenas de bilhões de anos, convertendo energia potencial gravitacional (que trabalha sem trégua para implodi-las) em energia liberada pela fusão nuclear, que gera temperaturas e pressões gigantescas em seu interior – um cabo de guerra entre implosão e explosão. Para tanto, as estrelas se autocanibalizam, "devorando" as próprias entranhas para sobreviver. (Para ser mais preciso, consomem o hidrogênio no seu centro para transformá-lo em hélio.) O nosso Sol, que, como vimos, é uma estrela comum do tipo G, com cerca de 5 bilhões de anos, está na sua meia-idade. (Note como usamos palavras relacionadas com a vida e a morte para descrever estrelas.) Estrelas "nascem" em regiões ricas em gases e elementos químicos chamadas de "berçários de estrelas" (observe de novo a nomenclatura). Quando consome todo o combustível no seu interior, a estrela inicia o seu processo de "morte", explodindo com enorme intensidade, criando ondas de choque que se propagam pelo espaço interestelar e transportando seus restos materiais (gases e elementos químicos) através de vastas distâncias cósmicas. Essas ondas, ao se chocarem com nuvens de gás em outros berçários de estrelas, dão origem a instabilidades que ajudam a gerar novas estrelas bebês. Ou seja, estrelas que morrem geram novas estrelas. De certa forma, podemos até dizer que as estrelas estão se reproduzindo, dividindo os seus restos com a nova prole. Mesmo assim, eu sei e você sabe que as estrelas não estão vivas.

Existe poesia no ciclo de vida e morte das estrelas, que trazemos por analogia para perto do nosso próprio ciclo de existência. Estamos tão repletos de vida que a vemos por toda parte. Talvez essa nossa tendência esteja relacionada com o que Francis Bacon chamou de "ídolos da tribo", que ele propôs ser um dos quatro obstáculos para chegarmos à verdade, os seus "ídolos e noções falsas".[15] Nós temos a tendência de generalizar fatos e tirar conclusões apressadas, ignorando qualquer evidência que possa nos contradizer. Queremos tanto acreditar que acabamos facilmente ludibriados. É aqui que a ciência entra, como um poderoso antídoto contra esse tipo de pensamento mágico. A metodologia científica nos ajuda a distinguir entre o vivo e o não vivo, mesmo que, às vezes, essa distinção não seja óbvia.

Uma diferença essencial é que a reprodução de seres vivos tem uma variabilidade aleatória, ausente nos sistemas não vivos. Por exemplo, sabemos que filhos dos mesmos pais não são idênticos. Nos sistemas físicos, se repetirmos as *mesmas* condições iniciais e ambientais (com alta precisão), um incêndio queimará do mesmo jeito, um furacão avançará da mesma forma e uma estrela terá o mesmo destino, ainda que pequenos detalhes possam variar. É como se sistemas não vivos tivessem a mesma história, sem que muita informação mude de um caso para outro, enquanto sistemas vivos têm uma história cujo desenrolar é imprevisível: incêndios e furacões não evoluem a partir de gerações passadas. Seus pais não poderiam prever que você seria quem é.

Os seres vivos usam a energia que lhes é acessível para permanecer em estados estáveis, uma propriedade conhecida como *homeostase*. São chamados de sistemas termodinâmicos abertos porque, como vimos, absorvem energia do ambiente à sua volta e retornam o que não lhes serve. Por exemplo, quando faz calor, usamos nutrientes e água para suar e manter o corpo a temperaturas confortavelmente baixas. Estruturas dissipativas não vivas mas organizadas, como furacões, tornados, células de convecção e fluidos turbulentos, também são sistemas termodinâmicos abertos que usam a energia disponível para chegar a um estado estável, mantendo sua estrutura enquanto as condições permitem. (Por exemplo, visualize um furacão no Caribe se dirigindo à Flórida.) A diferença essencial é a passividade das estruturas dissipativas não vivas quando comparadas ao comportamento ativo dos seres vivos. Até mesmo ao nível de bactérias a vida cria estratégias para sobreviver, movendo-se na direção de nutrientes (um processo conhecido como *quimiotaxia*) a partir de um mecanismo que combina um conhecimento do ambiente externo (saber detectar o nutriente) e interno (mobilizar-se fisiologicamente para se dirigir ao nutriente). Usamos palavras como "volição", "autonomia" e "controle" para descrever esse ímpeto dos seres vivos e mesmo de biosferas inteiras, mas nunca para descrever incêndios, furacões ou estrelas. O enigma de como a matéria não viva se torna viva permanece. Como um aglomerado de matéria inanimada, ao atingir certo nível de complexidade química, transforma-se numa entidade viva? Não sabemos ainda como pensar sobre essa transição, como um punhado de compostos químicos se transforma espontaneamente numa entidade com autonomia e propósito.

A circularidade criativa da vida

A vida é um processo que captura energia e alimentos para se sustentar e reproduzir. As criaturas vivas são, portanto, um paradoxo; ao mesmo tempo que se separam do ambiente em que vivem, são ainda ativamente dependentes e inseparáveis desse mesmo ambiente. Como escreveu o visionário biólogo chileno Francisco Varela, "por um lado, uma célula se distingue da sopa molecular em que existe ao estabelecer uma delimitação ou fronteira entre o que é e o que não é. Por outro lado, essa especificação dos seus limites espaciais é efetuada através de produtos moleculares criados pela própria fronteira". Para ilustrar o seu argumento, Varela usa a famosa gravura de M. C. Escher, das duas mãos que saem do papel para se desenhar. "A célula se desenha excluindo-se do ambiente em que existe", sendo ao mesmo tempo uma entidade independente e parte do ambiente de onde emerge. A delimitação espacial ou membrana que define uma célula viva – essencial para o seu funcionamento – é difusa, combinando "produtor e produto, começo e fim, entrada e saída".[16]

Sendo esse o caso, onde estabelecer a fronteira entre o vivo e o não vivo, dado que os dois são inextricavelmente conectados? O ar que respiramos, o calor que nos protege, a comida de que nos alimentamos, o bioma bacteriano que existe em nosso trato intestinal, tudo isso é parte de quem somos, e nós, por sua vez, parte deles. A nossa existência se estende além do nosso corpo. O estar vivo, o *processo* da vida, necessita dessa conexão com o externo, tornando as fronteiras entre o vivo e o não vivo difusas, indistintas. Mesmo que saibamos intuitivamente distinguir entre o "eu" que vive das "outras" entidades não vivas que nos circundam, essa distinção é ao mesmo tempo óbvia e pouco clara. Você sabe que você é você e não o ar que você respira ou a comida que você come. Mas você também sabe que está emaranhado com ambos e que você não pode ser você sem o ar e a comida que existem dentro e fora do seu corpo.

Varela chamou essa situação de *loop estranho*, "um círculo virtuoso e criativo". Estranho porque vai contra a noção de objetividade em ciência, fundamentada na separação entre o observador e o que é observado. A biologia costuma ser contrastada com a física quântica por ser uma ciência onde essa separação é bem clara. Na verdade, a situação é mais complexa. Por exemplo, quando usamos um microscópio para estudarmos o comportamento de uma colônia de bactérias, acreditamos que existe uma separação entre nós e as bactérias. Porém, a sopa de moléculas na qual as bactérias nadam afeta o seu comportamento e, por sua vez, as bactérias afetam a sopa. O observador faz certas escolhas ao conduzir o experimento, e essas escolhas afetam tanto a sopa de moléculas quanto as bactérias que nadam nela. Existe, aqui, o que podemos chamar de um *emaranhamento de autonomias*, que conecta as bactérias à sopa e ao cientista no laboratório. Da perspectiva do observador, tudo que ocorre durante a observação depende da sua experiência de estar no laboratório, anotando os seus resultados enquanto respira e digere seu almoço. Esse emaranhado de autonomias não acaba aqui. A diluição das fronteiras que acreditamos separar as coisas afeta até mesmo como definimos a biosfera – a totalidade da vida em escala planetária – e nossa relação com ela. Os *loops* estranhos são como elos que formam a vasta cadeia que define a vida e que não fazem sentido num nível individual. Se tirarmos um elo da cadeia, comprometemos aquele ser vivo e causamos repercussões que reverberam por todos os elos da cadeia. Para ser viável, a vida dilui as fronteiras que a delimitam.

Dada essa reflexão, podemos nos perguntar onde começa e termina uma criatura viva. Uma floresta é uma totalidade conectada de árvores, fungos, bactérias, arbustos, animais, insetos e pássaros, cada qual com funções específicas, todas interdependentes. Mesmo que cada indivíduo ou grupo trabalhe por si para se manter vivo, buscando comida, matando ou escapando, respirando, construindo ninhos, se reproduzindo, penetrando o solo ou se estendendo aos céus para beber a luz do Sol, vemos que existe uma união de propósitos dentro da diversidade de ações, uma mesma urgência de ser, de permanecer vivo. Se eliminamos uma espécie, ou se perturbarmos o ecossistema além de um ponto crítico de instabilidade, a floresta é comprometida por inteiro. Quanto mais estudamos os ecossistemas, mais entendemos que a vida é uma coletividade de propósitos unificados pelo desejo de existir.

A vida é rara ou comum no universo?

Se você perguntar a especialistas da área das ciências físicas (astronomia, física, química, geologia) sobre a possibilidade de vida extraterrestre, a resposta, em geral, seria algo assim: vamos considerar a nossa galáxia, a Via Láctea. Sabemos que ela contém ao menos 100 bilhões de estrelas, e que a maioria tem planetas girando à sua volta. Uma estimativa conservadora nos leva a números em torno de um trilhão de planetas. Se adicionarmos luas como possíveis moradas para a vida, o número sobe para alguns trilhões. Considere, ainda, que cada mundo é diferente, com a própria história que depende da estrela que orbita, dos elementos químicos disponíveis durante a sua formação e dos detalhes de sua formação e evolução. São muitos mundos com muitas possibilidades! Se quisermos limitar a amostra, sabemos que em torno de 7% das estrelas são do tipo G como o nosso Sol, o que nos leva a 7 bilhões de estrelas como o Sol apenas na nossa galáxia. Adicionando que observações recentes indicam a existência de 0,4 a 0,9 planetas rochosos na zona de habitabilidade das estrelas, chegamos a 3 bilhões de planetas com o potencial de abrigar a vida.[17]

Segundo esse argumento baseado nos "grandes números" da astronomia, a vida deve ser prevalente na nossa galáxia e, consequentemente, por todo o universo. Note que esse argumento nada tem a dizer sobre o tipo de vida que pode existir, se é simples ou complexa, unicelular ou multicelular, inteligente ou não. Isso não deveria ser surpreendente, dado que o argumento astronômico nada diz sobre biologia, levando em conta apenas a composição rochosa e o tamanho do planeta, o tipo de estrela em torno da qual orbita e a possibilidade de haver água líquida na sua superfície.

A essas estimativas de números enormes de planetas rochosos com possibilidade de ter água, os físicos (especialmente os cosmólogos) adicionam o chamado princípio da mediocridade,[18] com base numa extensão do copernicanismo além de sua aplicabilidade a sistemas planetários: assim como o nosso planeta é ordinário, não há nada de especial sobre a nossa galáxia, o nosso Sol ou sobre a evolução da vida como se deu aqui, incluindo a diversidade de espécies e a existência de inteligência. Segundo esse princípio, a vida, incluindo a inteligente, deve ser comum em planetas rochosos por todo o universo. O princípio da mediocridade propõe que nós somos a regra, não a exceção, e que não há nada de extraordinário aqui. Usando a estimativa atual do número de planetas terrestres na galáxia, cientistas físicos argumentam que deve haver vida em *milhões* de mundos. Na realidade, as coisas não são tão simples assim. A meu ver, o princípio da mediocridade é um triste exemplo de como o pensamento indutivo leva a conclusões erradas quando discutimos a possibilidade de vida extraterrestre.

Felizmente, nem todos os cientistas físicos concordam. Em 2000, o geólogo e biólogo Peter Ward e o astrobiólogo Donald Brownlee publicaram *Rare Earth: Why Complex Life Is Uncommon in the Universe* (Terra rara: por que a vida complexa é rara no universo).[19] No livro, Ward e Brownlee argumentam que certas propriedades físicas, como ser um planeta rochoso com água na superfície, não são suficientes para determinar a existência de vida num planeta, muito menos de vida complexa, pelo menos como a conhecemos. (Essa distinção é sempre implícita nessas discussões, já que não sabemos como caracterizar a vida como não a conhecemos.)

Ward e Brownlee exploram as condições necessárias para a existência de vida simples (microbial) e complexa (multicelular), relacionando essas condições com as propriedades do planeta. A Terra, o único mundo que acolhe vida, até onde sabemos, apresenta várias propriedades geofísicas essenciais não só para a existência da vida, mas, principalmente, a estabilidade ambiental necessária para que a vida possa ter persistido aqui por bilhões de anos, de modo a ter evoluído de simples a complexa a partir do processo de seleção natural.[20] Estabilidade ambiental, aqui, não significa que o planeta não tenha mudado durante os seus bilhões de anos de existência (a Terra mudou muito durante a sua história), mas que as mudanças, mesmo quando extremas, ainda assim permitiram que uma fração dos seres vivos sobrevivesse (mesmo que às vezes uma fração bem pequena), passando por mutações que, aos poucos, selecionaram formas de vida mais bem adaptadas ao novo ambiente. Erupções vulcânicas que afetam o clima global, a deriva continental que resultou na criação de várias cordilheiras de montanhas, colisões devastadoras com cometas e asteroides são algumas das causas das cinco grandes extinções que ocorreram nos últimos 440 milhões de anos. Hoje, estamos passando por uma nova grande extinção, a sexta, conhecida como extinção do Holoceno ou, mais comumente, extinção do Antropoceno, dada a crescente mortalidade de espécies animais e vegetais nos últimos 10 mil anos causada pela presença agressiva da nossa espécie e a consequente devastação ambiental que perpetramos.[21]

Dentre as várias propriedades geofísicas da Terra que atuam para proteger a vida, podemos citar o movimento das placas tectônicas, uma única lua com massa relativamente alta, e um campo magnético forte o suficiente para desviar raios cósmicos provenientes do Sol, altamente nocivos à vida. Apenas essas propriedades já fazem da Terra um mundo raro dentre os planetas rochosos na galáxia. Mesmo assim, a vida quase foi destruída por completo no passado. É por isso que quando consideramos a probabilidade de a vida existir em outros mundos, focamos mais na vida simples, unicelular, já que a vida complexa é bem mais vulnerável a mudanças ambientais.

Em 2015, Peter Ward se uniu ao geofísico Joe Kirschvink do Instituto Tecnológico da Califórnia para publicar uma nova edição do seu livro *Rare Earth*, intitulada *A New History of Life: The Radical New Discoveries About the Origins and Evolution of Life on Earth* (Uma nova história da vida: as novas descobertas radicais sobre as origens e a evolução da vida na Terra).[22] No livro, Ward e Kirschvink esboçam os passos na transição da não vida a uma célula viva:

1. A síntese e o acúmulo de pequenas moléculas orgânicas, incluindo aminoácidos e nucleotídeos. Fosfatos também são importantes, dado que participam da estrutura do ARN e ADN.
2. A interação entre esses ingredientes para formar moléculas maiores, como proteínas e ácidos nucleicos.

3. A agregação de proteínas e ácidos nucleicos dentro de gotículas de algum tipo de gordura (que separa esses ingredientes do ambiente externo), formando as primeiras protocélulas.
4. A habilidade de replicar moléculas grandes para estabelecer a hereditariedade, a geração de novas "proles".

Enquanto o primeiro passo pode (em princípio) ser dado no laboratório, a síntese artificial de ADN e ARN é bem mais complicada. Essas moléculas são extremamente complexas e se deterioram quando aquecidas, o que sugere que foram inicialmente sintetizadas em ambientes frios ou mornos. É muito provável que a vida tenha experimentado vários replicantes moleculares bem mais simples antes de chegar ao ARN. Quais replicantes seriam esses é algo que permanece um grande mistério.

Quando a primeira protocélula é gerada, a biologia celular entra em cena. O caminho evolucionário que começa ali, das primeiras células procariotas (com material genético sem uma membrana protetora) até chegar a criaturas complexas, dotadas de vários órgãos diferenciados, é repleto de enormes obstáculos e desafios. É nessa complexidade, já nos primeiros passos da vida, que encontramos a divisão de águas entre as visões de mundo dos cientistas físicos e biológicos no que diz respeito à existência de vida no universo.

Em meu livro *Criação imperfeita*, publicado ainda antes do de Ward e Kirschvink, eu listei nove passos que a vida precisou dar para evoluir da não vida à vida inteligente:[23]

> (1) Química inorgânica → (2) Química orgânica simples → (3) Bioquímica → (4) Primeira vida (protocélulas) → (5) Células procariotas → (6) Células eucariotas → (7) Vida multicelular → (8) Vida multicelular complexa → (9) Vida inteligente.[24]

Os quatro primeiros passos dessa lista coincidem com os citados por Ward e Kirschvink. Mas para chegarmos à vida inteligente precisamos de mais cinco passos (do 5 ao 9), cada um extremamente complexo e de realização provavelmente bem difícil. (Não podemos ser precisos em termo de probabilidades porque conhecemos a vida apenas aqui na Terra.) Vale pensarmos um pouco mais sobre eles, começando com o quinto passo:

Das protocélulas às células procariotas: Os detalhes da transição de proteínas complexas e ácidos nucleicos até protocélulas primitivas e delas até as primeiras células procariotas são desconhecidos. Provavelmente, uma membrana feita de moléculas de gorduras (lipídeos) circundou os reagentes, isolando-os do ambiente externo. (Gotículas de lipídeos são hidrofóbicas, mantendo a água a distância.) Com eficiência crescente, essa membrana permitiu que energia e nutrientes entrassem e dejetos saíssem. Enquanto isso, o material genético dentro das protocélulas foi se replicando, levando a uma diversificação rápida. Esse era o mundo dos protozoários, onde por meio de tentativa e erro a seleção natural favoreceu as protocélulas com maior eficiência metabólica e reprodutiva. A vida surgiu sem um plano ou destinação.

Das células procariotas às eucariotas: Temos pouco conhecimento do passo seguinte na evolução da complexidade da vida – a origem de células eucariotas a partir de células procariotas. O que sabemos é que essa transição tomou quase 2 bilhões de anos para se firmar. A hipótese mais aceita hoje, proposta pela visionária bióloga Lynn Margulis (primeira esposa de Carl Sagan), é que as células eucariotas surgiram como produto de alianças simbióticas entre seres procariotas. (Na simbiose, dois ou mais seres vivos colaboram para se ajudar mutuamente na sua sobrevivência.) Por exemplo, a mitocôndria, o pequeno motor das células eucariotas, provavelmente foi um organismo separado no passado distante, que de alguma forma foi absorvido por outra célula.[25]

Da vida unicelular à vida multicelular: Cerca de 3 bilhões de anos após o surgimento dos primeiros seres vivos, ocorreu outra grande transição na história da vida na Terra, a origem dos seres multicelulares. Tal como a transição de células procariotas a eucariotas, essa transição deve ter ocorrido por processos simbióticos de tentativa e erro, com seres unicelulares se unindo (ou, talvez, uns devorando outros) de modo a desenvolver uma existência pluralista mutuamente benéfica. Contudo, é difícil entender como diferentes tipos de ADN vindos de organismos distintos foram incorporados em um único genoma. Uma explicação alternativa, conhecida como *teoria colonial*, propõe que grupos de seres unicelulares se agruparam em colônias que, aos poucos, foram evoluindo para se tornar animais multicelulares. O debate continua, com a teoria colonial ganhando cada vez mais adeptos.

Da vida multicelular à vida multicelular complexa: Vários cientistas propõem que mudanças ambientais e climáticas aceleraram a explosiva diversidade de seres multicelulares que culminou na chamada *explosão do Cambriano*, que ocorreu há cerca de 530 milhões de anos. Dentre as várias mudanças, as mais importantes foram o acúmulo crescente de oxigênio na atmosfera e a formação de continentes por meio do movimento de placas tectônicas (pense nos continentes como grandes embarcações à deriva sobre os oceanos), o que causou uma troca dinâmica entre compostos químicos vindos dos oceanos e da superfície. Esse movimento continental funciona como uma espécie de termostato, reciclando compostos que ajudam a regular o nível de gás carbônico na atmosfera e mantendo a temperatura global relativamente estável. Sem isso, a superfície dos oceanos não teria permanecido líquida por longos períodos, o que inviabilizaria a vida, em particular a vida complexa.

Da vida multicelular complexa à vida inteligente: Após seres multicelulares terem evoluído por 500 milhões de anos, sobrevivendo a cinco grandes extinções e a várias mudanças climáticas radicais, por volta de 4 milhões de anos atrás, na África, surgiram os primeiros membros da ordem *Homo*. A inteligência, como a designamos hoje, surgiu há menos de 1 milhão de anos, ou seja, a menos de 0,02% da história do planeta. A inteligência oferece uma vantagem evolucionária enorme, mas não é um produto necessário para a existência da vida.

Contrastando os pontos de vista das ciências físicas e biológicas, é difícil (e provavelmente equivocado) considerar que a vida, em especial a vida inteligente, seja uma ocorrência comum no universo. Não há nada de trivial, comum e muito menos medíocre o que se passou no nosso mundo. Muito pelo contrário: quanto mais aprendemos sobre as propriedades de outros mundos, mais precioso o nosso se torna. O que aprendemos até aqui sobre a história da vida na Terra – os vários passos necessários e improváveis na transição de aminoácidos simples até criaturas multicelulares autoconscientes capazes de se questionar sobre o sentido da vida, acoplados à falta de sinais vindos de civilizações extraterrestres (o silêncio profundo da vastidão cósmica)[26] – nos leva a crer que estamos sozinhos no universo, ou ao menos isolados de outros seres pelas imensas distâncias interestelares.

Dada a falta de evidência, não podemos concluir, com confiança, a favor ou contra a existência de vida extraterrestre de qualquer tipo, seja simples ou complexa, ou diferente da que conhecemos e que podemos identificar. Como vimos, temos dois caminhos para encontrar a vida fora da Terra: por um contato direto (pouco provável) ou, indiretamente, pela identificação de bioassinaturas nas atmosferas de exoplanetas distantes. Em outras palavras, o fato de não termos qualquer evidência da existência de vida extraterrestre não significa que provamos que ela não existe; o que podemos concluir é que a vida deve ser ou muito rara, ou tão diferente da que conhecemos que passa despercebida (pouco provável). O universo é vasto e o alcance de nossos instrumentos, limitado. O fascinante, aqui, é que somos *nós* as criaturas que têm consciência disso. O universo se enriquece com a nossa presença, com o nosso constante questionamento e insaciável desejo de sempre querer saber mais. Quanto mais avançamos em nossa busca, mais entendemos que o universo apenas tem uma história porque estamos aqui para contá-la.

7

Lições de um planeta vivo

> *Sou um amante da*
> *Beleza desmedida e imortal*
> – Ralph Waldo Emerson, *Nature*

A vida e o planeta formam um todo inseparável

A história da vida na Terra é a história da Terra com vida. Desde que surgiu aqui, há 3,5 bilhões de anos, a vida interagiu e transformou a Terra, enquanto era também transformada pela evolução do nosso planeta. A Terra e a vida são como a serpente mítica Ouroboro, que morde a própria cauda formando um círculo fechado: quando a vida se fixa num planeta, os dois formam um todo inseparável. Podemos pensar que nós humanos fomos a primeira espécie a ter um impacto global no planeta – no caso, bem negativo. Mas isso não é verdade. Hoje sabemos que bactérias fotossintéticas, isto é, com a capacidade de usar a luz do Sol como fonte de energia (como as plantas), conhecidas como cianobactérias, trabalhavam ativamente por volta de 2,2 bilhões de anos atrás, consumindo gás carbônico e liberando enormes quantidades de oxigênio na atmosfera.[1]

Esse novo oxigênio – que praticamente não existia na atmosfera – foi se difundindo pelo planeta, sua superfície e seus oceanos, criando uma camada de ozônio como subproduto. Essa camada de ozônio, por sua vez, criou uma espécie de escudo contra a nociva radiação ultravioleta que vem do Sol, protegendo a vida que se formava e acelerando ainda mais a geração de oxigênio, no que chamamos de um ciclo de feedback positivo.

A oxigenação da atmosfera transformou o jogo da vida. Nenhuma outra molécula alimenta reações metabólicas com maior eficiência. Com isso, organismos capazes de usar oxigênio ganharam uma enorme vantagem evolucionária. Se um astrônomo alienígena observasse a Terra durante essa era, detectaria um espectro com uma forte presença de oxigênio e ozônio, que poderia ser interpretada como "nesse planeta a vida existe e tem base na fotossíntese". É por isso que não podemos separar a história de um planeta que abriga a vida e a história da vida nesse planeta. As cianobactérias transformaram a Terra, dando origem ao chamado Grande Evento de Oxigenação. A nossa espécie, assim como todas as outras que necessitam de um metabolismo complexo para se manter vivas, devem a sua existência a esses nossos antepassados microbiais.

O problema é que o oxigênio é um gás altamente venenoso quando ingerido em grandes quantidades. (Por exemplo, mergulhadores e astronautas precisam monitorar a ingestão de oxigênio para evitar a hiperoxia, uma condição que pode causar danos sérios em vários tecidos e até mesmo a morte.) As cianobactérias criaram uma atmosfera supersaturada em oxigênio, ainda sem nenhuma forma de vida capaz de utilizá-la. Uma pequena faísca vinda de um relâmpago poderia gerar incêndios catastróficos. A situação mudou apenas após a origem de organismos capazes de respirar oxigênio. Foi aqui que as mitocôndrias fizeram a sua entrada triunfal. Elas têm o próprio ADN, o que indica que, no passado, eram criaturas independentes, micróbios capazes de consumir oxigênio. E, com as mitocôndrias em circulação, algo de extraordinário aconteceu. Células procariotas primitivas ingeriram as mitocôndrias e, de alguma forma ainda desconhecida, se transformaram nas células eucariotas, que encontramos hoje em todos os animais e plantas, com exceção das eubactérias (como as cianobactérias), e as *arqueobactérias*, uma espécie de grupo intermediário entre os dois tipos de células.

Passados 200 milhões de anos, ou seja, ao chegarmos a 1,9 bilhão de anos atrás, organismos eucariotas evoluíram a ponto de restaurar o equilíbrio do ciclo global de carbono, tornando a Terra uma plataforma viável para a incrível biodiversidade que se seguiu. É aqui que estimativas atuais localizam o último ancestral comum de todos os seres eucariotas (conhecido como LUCA, do inglês *last universal common ancestor*), a criatura de onde todas as formas de vida que já existiram e existem na Terra se originaram – das esponjas primitivas às samambaias, do *Tyrannosaurus rex* e dos fungos à nossa espécie.

Portanto, a nossa "Eva coletiva" é uma bactéria que viveu em torno de 2 bilhões de anos atrás. A história da vida na Terra nos ensina que todas as formas de vida são conectadas, dividindo a mesma semente num passado distante. Agora entendemos que os detalhes da evolução dependem de uma interação constante entre a biosfera e o planeta. A aleatoriedade tem um papel central nessa história, desde as mutações que ocorrem ao nível genético e que provocam transformações nos organismos vivos até cataclismos de impacto global, como erupções vulcânicas extensas e colisões com asteroides e cometas. Devido a esses e outros fatores, houve vários períodos glaciais quando o planeta por inteiro foi coberto por gelo – as fases "Terra bola de neve" (do inglês *snowball Earth*). O sucesso do processo fotossintético das cianobactérias limpou a atmosfera de metano e dióxido de carbono, criando uma espécie de efeito estufa inverso: com menos gases responsáveis pelo aquecimento global livres na atmosfera, a temperatura global decaiu rapidamente, causando o congelamento dos oceanos dos polos ao equador. Enormes quantidades de cianobactérias foram soterradas pelo gelo que cobriu os oceanos, causando um rápido declínio na produção de oxigênio. A biosfera sofreu globalmente, mas não desapareceu. Algumas colônias de cianobactérias sobreviveram perto de ventas de ar quente e em pequenas poças de águas termais, como as que existem na Islândia e na Antártica. Quando o gelo começou a derreter, enormes quantidades de oxigênio foram liberadas, com cada evento de Terra bola de neve dando origem a novas criaturas. A incrível capacidade de a vida se reinventar parece crescer ainda mais em períodos de grande adversidade.

Um evento Terra bola de neve realmente dramático ocorreu há cerca de 640 milhões de anos, preparando o palco para a famosa Explosão do Cambriano, de 530 milhões de anos atrás que já mencionamos, às vezes chamada de Big Bang da biologia. "Explosão" é um bom nome. Uma profusão de animais diversos, nos mares e na Terra, se espalhou com velocidade incrível num período geologicamente breve de 20 milhões de anos. O resultado foi uma profunda transformação da biosfera terrestre, uma verdadeira erupção de animais complexos de vários tipos, que contribuíram para uma biodiversidade que jamais havia ocorrido aqui. Usando as condições adequadas, a vida experimentou um número enorme de formas, se adaptando a todos os tipos de ambiente em que poderia existir. Não é à toa que, no mesmo planeta, encontramos hoje bactérias, beija-flores, lagostas, girafas, gorilas e baleias, sem falar em rosas, pinheiros, abacateiros e fungos.

A partir de toda a sua história na Terra, a regra fundamental da vida permaneceu a mesma: adaptação a condições ambientais variáveis. Se a temperatura sobe ou cai em demasiado, se a comida fica escassa, se a qualidade do ar é comprometida, se um predador novo fica eficiente demais para abocanhar suas pressas, ou se as presas se tornam eficientes demais nas suas estratégias de escape, as espécies que existem vão tentar se adaptar da melhor forma possível. Afinal, falhar significa extinção. Volta e meia, mutações úteis podem ocorrer, mas são muito raras e seus efeitos tendem a se espalhar muito lentamente, ainda mais para animais com períodos de gestação mais longos.

A história da vida é única em cada mundo em que existe, e mesmo durante diferentes eras no mesmo mundo. Jamais será duplicada em outro lugar, mesmo quando dois mundos têm as mesmas propriedades geofísicas. Se a vida existir numa hipotética Terra 2.0, será muito diferente da vida daqui. Talvez certos tratos evolucionários reapareçam, como a simetria bilateral (esquerda-direta) que encontramos em tantas espécies aqui na Terra. Mas a cada oportunidade, em cada mundo, a vida será um experimento novo, coevoluindo com o mundo que a abriga, imprevisível em seu desenvolvimento. Nenhum modelo biológico que começa com uma bactéria é capaz de prever um brontossauro ou um morcego.

Não existe um plano que dita o que ocorre na evolução da vida. A nossa existência, por exemplo, não foi premeditada. Se um episódio-chave na longa história da Terra não houvesse ocorrido, ou ocorrido de outra forma, a vida teria tomado outro caminho e nós não estaríamos aqui. O mais famoso desses exemplos é a colisão com um asteroide há 65 milhões de anos, onde hoje é a península de Yucatán, no México. Essa colisão extinguiu cerca de 75% da vida na Terra, incluindo os dinossauros.[2] O impacto dessa pedra, viajando a mais de 50 mil quilômetros por hora, criou uma cratera gigantesca de 150 quilômetros de diâmetro e quase 20 de profundidade, gerando uma combinação absolutamente devastadora de terremotos, incêndios continentais e tsunamis, seguidos por uma nuvem de poeira e detritos que cobriu a superfície do planeta inteiro durante meses. Com a rápida queda de temperatura, as plantas foram desaparecendo e a comida ficou extremamente escassa. As espécies que podiam voar, cavar buracos e túneis subterrâneos ou mergulhar tiveram uma enorme vantagem de sobrevivência. Dentre elas, encontramos os pequenos mamíferos roedores que existiam então, nossos antepassados. Após 60 milhões de anos de mutações e transformações climáticas, surgiu a primeira espécie de hominídeo divergindo dos macacos, eventualmente levando ao surgimento da nossa espécie, cerca de 300 mil anos atrás – comparando com a idade da Terra, acabamos de chegar. Se comprimirmos 4,5 bilhões de anos em um dia, nossa espécie aparece 5,7 segundos antes da meia-noite. Nós somos os recém-chegados, mas achamos que somos os donos do mundo.

Antes desse cataclismo global, os dinossauros existiram por 150 milhões de anos. Aos poucos, espécies que surgiram e se extinguiram devido a mutações e variações climáticas sofreram mudanças nesse período. Mas mesmo nesse enorme intervalo de tempo (compare com os nossos 300 mil anos!), os dinossauros não desenvolveram uma capacidade cognitiva que podemos chamar de avançada. Certamente, não recitavam poemas nem criavam tecnologias usando matéria-prima – inteligência, aqui, não significa estratégias de ataque usadas por predadores ou sistemas complexos de túneis subterrâneos que alguns animais constroem, completos, com locais para os filhotes e armazenamento de comida. Nesse contexto, inteligência significa a capacidade de pensar simbolicamente e de representar esses pensamentos em termos de linguagem e arte, a habilidade de usar o fogo para cozinhar alimentos de modo a otimizar o seu valor nutritivo, e técnicas para transformar materiais primitivos em ferramentas que servem a vários propósitos, de armas a arados. O ponto essencial, aqui, é que a evolução da vida não é uma estrada com a inteligência como destino único, mesmo que, sem dúvida, a inteligência ofereça uma enorme vantagem evolucionária, sobretudo em ambientes que sofrem mudanças e que requerem adaptações rápidas. Em outras palavras, inteligência não é um resultado inevitável da existência de vida. O que ocorreu com a nossa espécie, e com alguns de nossos antepassados do gênero *Homo*, é fruto do acaso. Se a inteligência surgir em algum outro lugar do universo, será também por acaso, não resultado de um plano.[3]

Nos últimos 500 milhões de anos, a vida na Terra se espalhou dos mares para a terra e o ar, gerando uma diversidade de plantas e animais deveras inacreditável. Mas a inteligência surgiu apenas bem recentemente, o que sugere que deve ser rara no universo. É difícil quantificar quão rara, dado que temos apenas um exemplo. No entanto, considerando os vários passos dados pela vida, das protocélulas à vida multicelular inteligente, cada um extremamente complexo, e levando em conta o fato de não termos qualquer evidência concreta de que a vida existe em outros mundos, há uma forte tendência de que a vida inteligente seja tão rara a ponto de sermos os únicos, mesmo sendo impossível provar isso. (Poderá sempre haver outra espécie inteligente em um canto do universo, tão distante que jamais iremos receber algum sinal de que existe.) Isso torna a existência da vida aqui no nosso planeta ainda mais relevante, surpreendente e notável. A lição é simples: não devemos aceitar a nossa existência como se fosse algo comum no cosmo. Esse é o ponto central de nossa visão pós-copernicana.

A história da vida na Terra é uma história de contingências. O mesmo será verdade em qualquer lugar em que a vida surgir. Não existe um único caminho para a evolução da vida. Não existe uma lei da natureza que dita que se a vida começa com bactérias, irá necessariamente evoluir até chegar a criaturas humanas. Como vimos, 150 milhões de anos de dinossauros e 2 bilhões de anos de bactérias não os fez inteligentes. Contudo, a complexidade da vida, mesmo a mais simples, é enorme. Qualquer matéria animada pela vida é extraordinária. Não há nada de medíocre em qualquer criatura viva. Isso é o que a ciência moderna nos ensina, se a interpretarmos com olhos que enxergam além das generalizações do copernicanismo, que nada têm a dizer sobre a vida. A evolução da vida não é previsível; não segue leis determinísticas, como um relógio. A evolução é como um mapa com fronteiras que nos levam a destinos que não podemos prever. Quando o assunto é vida, o pensamento indutivo é certamente a ferramenta racional errada.

O universo desperta

Os argumentos que apresentei até aqui sugerem que devemos evitar generalizações e extrapolações simplistas quando discutimos a existência de vida no universo, sobretudo de vida inteligente. Os argumentos tradicionais, relatando o enorme número de planetas e luas na galáxia, a validade das mesmas leis da física e da química por todo o espaço, os bilhões de planetas com características semelhantes às da Terra orbitando estrelas nas suas zonas de habitabilidade, não são suficientes para nos dizer algo de concreto sobre a existência de vida extraterrestre. No máximo, podemos dizer que essas são as precondições necessárias, certamente não suficientes, para a vida existir: os primeiros passos de uma escadaria longa e desconhecida. Na verdade, o que deveria nos espantar é a ausência de evidência, dados todos esses mundos com propriedades favoráveis para acolher criaturas vivas.

Por isso, o que sugiro neste livro é virar esse argumento pelo avesso. Em vez de lamentar a ausência de vida extraterrestre e temer a possibilidade de estarmos sós no universo, devemos celebrar a vida que existe aqui e usar o que aprendemos sobre ela para recontar a história de quem somos. A vida que ocorre na Terra é preciosa e rara, e nós somos a única espécie que tem consciência disso. Nosso planeta é uma esfera azul flutuando na vastidão gelada do espaço em um cosmo que pouco liga para a nossa existência. O universo não liga para nada. Mas nós ligamos. A partir da nossa capacidade cognitiva, da tenacidade do nosso espírito e do nosso insaciável desejo de saber sempre mais, conseguimos reconstruir vários capítulos da história cósmica, incluindo como a nossa história faz parte dela. Esse é o grande épico da humanidade, mítico em sua abrangência e significado, que conta a história do universo e da vida, e da profunda conexão entre tudo que existe. A vida é a ponte que interliga as diversas eras, a luz que ilumina o caminho das nossas descobertas e que nos permitiu descobrir a nossa profunda conexão com o passado e o presente do universo.

O universo só tem uma história porque estamos aqui para contá-la.

A história da vida no universo pode ser organizada em termos das etapas ou eras que descrevem os diversos níveis de organização da matéria em estruturas de complexidade crescente, partindo das partículas elementares da matéria até chegar a cérebros com um córtex frontal desenvolvido. Em um artigo que publiquei alguns anos atrás, organizei essa história em quatro eras, que chamei de Quatro Eras da Astrobiologia.[4] A era da física começa com o Big Bang e a síntese dos primeiros núcleos atômicos, e continua com a formação das estrelas e dos planetas. A era da química continua com a síntese de elementos químicos em estrelas, e de moléculas simples, que incluem algumas biomoléculas em regiões conhecidas como berçários de estrelas, ricas em radiação ultravioleta. Após a síntese de elementos químicos, a próxima era é a da biologia, onde, ao menos aqui na Terra, a vida surgiu há cerca de 3,5 bilhões de anos, evoluindo e se adaptando a condições sempre em transição, até a formação de criaturas multicelulares complexas. Finalmente, por volta de 300 mil anos atrás, chegamos à era cognitiva, quando nossos ancestrais hominídeos se transformaram em criaturas capazes de pensar simbolicamente e de se expressar por meio de línguas complexas. Dentro desse cenário das quatro eras da astrobiologia, que hoje coexistem, a história da vida na Terra começa com a origem do universo e a transformação gradual da matéria, até chegar a uma criatura ciente de sua existência e que se questiona sobre o propósito de sua vida durante a Era Cognitiva.

O universo despertou quando a vida se tornou capaz de contar a própria história.

A era da física

Começa com a origem do próprio tempo, no evento que chamamos de Big Bang. Não sabemos como descrever a origem de todas as coisas, na filosofia conhecida como o problema da Primeira Causa. Nossos modelos físicos são mecanicistas, fundamentados numa sequência de causas e efeitos. O problema é justificar a primeira causa, isto é, uma causa que não pode ter sido causada por outra anterior a ela. Ninguém chutou a bola que deu origem a tudo. Os modelos propostos para "resolver" esse problema têm base em suposições especulativas. O multiverso, como vimos, não é uma solução para o problema da Primeira Causa, assim como qualquer outro modelo que supõe este ou aquele tipo de geometria, ou que este ou aquele tipo de matéria existe desde o "começo". Essa restrição inclui modelos que descrevem um período de expansão cósmica ultrarrápida conhecidos como inflação cosmológica, que já começa com o universo existindo e cheio de matéria exótica.[5] Na melhor das hipóteses, esse tipo de modelo pode ser compatível com as propriedades que conhecemos do universo, descrevendo o que medimos. Mas compatibilidade não é um critério para a verdade. É sempre possível imaginar vários modelos compatíveis com o universo conhecido, mesmo que apenas um deles (ou nenhum deles) seja o modelo mais correto. Entretanto, o fato de que podemos reconstruir a história do universo a partir de apenas algumas frações de segundo após o "começo", quando existiam apenas partículas de matéria como elétrons, quarks e radiação, é um dos grandes triunfos da ciência moderna.

O universo nasceu com o tempo. O espaço também. O tempo marca a expansão cósmica, em que o próprio espaço cresce e a distância entre todos os pontos aumenta. Esse ciclo começou há 13,8 bilhões de anos e continua até hoje. Não sabemos como a matéria surgiu nesse processo ou mesmo que tipos de matéria existiam nos primórdios da história cósmica. O que temos, no momento, são modelos ainda especulativos. Mas o que sabemos é que esse espaço que inflava era cheio de matéria e radiação, e, como produto dessa expansão, a temperatura foi caindo aos poucos. (Radiação, aqui, significa radiação eletromagnética, incluindo a luz visível e suas formas invisíveis aos olhos, como o infravermelho e os raios X.)

A era da física conta a história de como essa sopa primordial se transformou nos prótons e nêutrons que compõem os núcleos dos átomos, e como essas partículas se combinaram para formar os núcleos dos átomos mais leves (e seus isótopos) quando o universo tinha apenas alguns minutos de "vida".[6] O próximo capítulo dessa história ocorreu quando um tipo diferente de matéria (ainda desconhecida), chamada de *matéria escura*, começou a se agregar em quantidades cada vez maiores devido à atração da gravidade. Esse processo agregou, também, a matéria comum, formada por elétrons, prótons e nêutrons. Com o passar do tempo, quando o universo tinha apenas algumas dezenas de milhões de anos, esses agregados de matéria se transformaram nas primeiras estrelas. Antes disso, ocorreu outra grande transformação, a formação dos primeiros átomos, quando elétrons se juntaram a prótons para criar o elemento químico mais simples, o hidrogênio, cerca de 380 mil anos após o Big Bang. Dali em diante, o universo continha átomos de hidrogênio, além de radiação e alguns núcleos de elementos leves, todos atraídos aos agregados de matéria escura que continuavam a crescer. Esses agregados foram comprimidos drasticamente pela própria gravidade até que, em determinado momento, quando as temperaturas em seu centro atingiram 15 mil graus centígrados, o hidrogênio se fundiu em hélio, num processo conhecido como *fusão nuclear*, o motor que alimenta o brilho e a estabilidade das estrelas. Assim nasceram as primeiras estrelas, gigantescas bolas de hidrogênio e hélio que viveram existências curtas e dramáticas. Quando todo o hidrogênio no seu centro é consumido, o processo de fusão continua, criando elementos químicos mais pesados até que, eventualmente, as estrelas explodem com violência nas chamadas *supernovas*, espalhando as suas entranhas pelo espaço (incluindo os elementos químicos que forjaram). A gravidade, que nunca descansa, transformou então o que restava das estrelas em buracos negros gigantescos, que atraíram mais matéria e semearam a origem das primeiras galáxias. Após um bilhão de anos do Big Bang, o espaço era ocupado por galáxias repletas de estrelas e por nuvens de gás contendo elementos químicos mais pesados e algumas moléculas simples. Com essas estrelas nascem, também, os planetas, e temos assim a origem da era da química.

A era da química

Durante a era da química, estrelas continuam forjando elementos químicos mais pesados, do hélio ao ferro, e, durante as explosões que marcam o fim de suas vidas, elementos ainda mais pesados, chegando até o urânio. Seus restos espalharam-se pelo espaço interestelar, semeando as estrelas nascentes e seus planetas com os elementos necessários para a vida. Compostos químicos mais complexos se formaram em alguns planetas e suas luas, incluindo moléculas como o dióxido de carbono (ou gás carbônico, CO_2), o metano e a amônia. O universo continuou sua expansão e seu resfriamento, as galáxias se afastando umas das outras, enquanto estrelas, planetas e luas eram enriquecidos com elementos químicos mais pesados, incluindo alguns compostos orgânicos. Eventualmente, as condições para que a vida surgisse em algum lugar do universo foram atingidas. Em torno de 9,3 bilhões de anos após o Big Bang, o nosso sistema solar surgiu e, com ele, a Terra. Da fornalha caótica que marcou os seus primeiros 600 milhões de anos, nosso planeta foi se solidificando, o terceiro em órbita em torno do Sol, com água em abundância e uma atmosfera rica em gás carbônico. Um bilhão de anos após a formação da Terra, surgem os primeiros seres unicelulares, marcando a transição da era da química para a era da biologia.

A era da biologia

Enquanto as eras da física e da química continuam a se desenrolar pelo universo, com estrelas nascendo e morrendo continuamente, as eras biológica e cognitiva são, ao menos pelo nosso conhecimento atual, propriedades exclusivas do nosso sistema solar. É possível que as duas eras ligadas à vida tenham ocorrido ou estejam ocorrendo em outros mundos. Mas só podemos nos certificar disso quando (e se) descobrirmos evidência conclusiva de vida extraterrestre.

Mesmo sendo possível que a era biológica tenha ocorrido em algum lugar do universo antes de ter ocorrido na Terra, conhecemos apenas o que aconteceu aqui. A vida se apossou do planeta e sobreviveu por bilhões de anos, apesar de enfrentar vários cataclismos e ameaças de extinção global. No jogo da vida, desafios atuam tanto como forças destruidoras quanto criadoras, dado que, vez ou outra, redefinem as condições ambientais que determinam quais espécies sobrevivem e quais perecem. Na sequência de cataclismos, alguns causados por agentes externos (como asteroides), outros pela própria vida (por exemplo, mudanças climáticas devido à oxigenação da atmosfera), as várias formas de vida sofreram inúmeras mutações, tentando se adaptar do melhor modo possível. Para sobreviver, um ser vivo precisa ser eficiente, otimizando o uso dos recursos à sua disposição. Toda criatura, simples ou complexa, precisa ter estratégias de sobrevivência e a capacidade de se adaptar a mudanças ambientais, incluindo a presença de outras criaturas, amistosas ou hostis.

A vida evoluiu aqui de forma imprevisível, de seres simples unicelulares a bactérias que usavam a luz solar como energia, enquanto oxigenavam a atmosfera terrestre. Aos poucos, sem um plano, a vida foi se tornando mais complexa, multicelular, explorando todos os ambientes em que podia existir – água, terra e ar, plantas e animais –, transformando o planeta em uma entidade viva, a biosfera terrestre. Animais mais complexos desenvolveram estratégias de sobrevivência mais complexas. Em torno de 6 milhões de anos atrás, apareceram na África os primeiros primatas bípedes que caminhavam eretos, nossos antepassados. Hoje, temos evidência de que há 3,3 milhões de anos, alguns desses, provavelmente os *Australopithecus*, podiam usar ferramentas simples feitas de pedras. O gênero *Homo* – ao qual a nossa espécie, *Homo sapiens*, pertence – teve sua origem 2,8 milhões de anos atrás. Com o passar do tempo, nossos ancestrais mais diretos aumentaram a sua criatividade e destreza no uso de ferramentas. O *Homo erectus*, por exemplo, era um predador extremamente eficiente, capaz de utilizar o fogo, o que lhe deu uma enorme vantagem evolucionária. Essa espécie se organizava em bandos de caçadores-coletores, cuidava de seus doentes e feridos, e pode até ter criado formas de arte e a capacidade de navegar pelas águas. É muito possível que podia se comunicar por meio de uma protolinguagem rudimentar.[7]

Caminhar ereto trouxe mudanças fundamentais. A mais importante, talvez, tenha sido períodos de gestação mais curtos, dado que é mais difícil para a mãe grávida carregar o bebê estando de pé. Como resultado, bebês nascem mais cedo e mais frágeis, e precisam de mais cuidados. O que a maioria dos animais tinha que fazer por horas, dias ou meses, adultos do gênero *Homo* tinham que fazer por anos. Cuidar de bebês e achar comida e morada requeriam uma ação conjunta do grupo. Logo ficou claro que grupos que dividiam tarefas e recursos sobreviviam melhor. Essa característica tribal dos nossos antepassados e da nossa espécie causou transformações profundas no nosso comportamento e psicologia social. Membros de grupos permaneciam juntos por longos períodos, provavelmente por toda a vida, desenvolvendo uma identidade e lealdade comunitária que inspiraram a criatividade conjunta e a necessidade de regras de comportamento social que garantissem o equilíbrio do grupo. Essas regras tinham que ser lembradas e respeitadas para serem efetivas. Com isso, grupos se tornaram mais coesos, e seus membros criaram laços afetivos entre si, assegurando a sobrevivência de todos. Se definirmos a cognição como a capacidade mental de adquirir conhecimento através do pensamento, da experiência sensorial e do acúmulo de memórias, podemos propor que algum tempo após o surgimento do gênero *Homo* a vida e, com ela, o universo, teve início a era cognitiva.[8]

A era cognitiva

Dada a escassez de informações sobre os hábitos diários dos Neandertais e dos primeiros humanos, seria prematuro tentar datar quando essa transição em direção a uma criatividade com intensão artística começou. Por exemplo, pode ser possível ligá-la à descoberta do controle do fogo, quando membros da tribo se sentavam em torno de fogueiras em suas cavernas e viam as suas sombras dançando nas paredes, como se contassem histórias perdidas no tempo. Escolhendo uma abordagem mais pragmática, podemos associar a era cognitiva ao surgimento da arte figurativa. Ilustrações de animais criadas há pelo menos 37 mil anos adornam as paredes da caverna de Chauvet, na França. Nicholas Conard, da Universidade de Tübingen, na Alemanha (onde Kepler estudou na década de 1590), encontrou figurinos humanos escavados em pedaços de marfim criados há mais de 40 mil anos. Novos métodos de datação radioativa revisaram as datas de pinturas encontradas nas cavernas de Bornéu como tendo também em torno de 40 mil anos. Portanto, a evidência atual indica que, da Alemanha até a Indonésia, e praticamente ao mesmo tempo, humanos começaram a representar o seu mundo a partir de criações artísticas, talvez com a intenção de educar e de se divertir, de inspirar e registrar a sua cultura. As imagens de mãos espalmadas de crianças e adultos encontradas em algumas cavernas são exemplos impactantes da preocupação que nossos antepassados tinham de criar algo capaz de transcender a passagem do tempo. "Estamos aqui, não nos esqueçam", esses artistas parecem nos dizer, demonstrando quanto os seus anseios com relação à morte são parecidos com os nossos. Estamos aqui, e não vamos nos esquecer de vocês.

Com o início da era cognitiva, tudo mudou. Uma espécie capaz de pensar simbolicamente, de inventar e de compartilhar as histórias que inventa, entende o significado da passagem do tempo, do peso emocional da perda e da inevitabilidade de nossa mortalidade. Quando os nossos antepassados começaram a contar histórias, o universo mudou para sempre. Nossa voz se transformou na voz cósmica, e o universo passou a contar a própria história. Nesses relatos, humanos e cosmos se entrelaçam, formando um todo inseparável. O que a ciência nos conta hoje da nossa relação com o universo é uma continuação dessa tradição milenar. As histórias mudam, mas o nosso desejo de contá-las, não.

Nós somos porque o universo é e o universo é porque nós somos. Porque nós existimos, o universo ganhou uma mente. Com essa mente, o universo pôde, enfim, despertar.

Todas as culturas passadas e presentes têm um relato da origem de todas as coisas, do mundo e da vida. Os chamados mitos de criação descrevem como a terra e os céus se formaram, e como os animais e as pessoas surgiram. Esses relatos são em geral sagrados e ditam os valores morais da cultura de onde se originam. A Bíblia, por exemplo, começa com o Gênesis, que estabelece Deus como o Criador de todas as coisas. Mantras ancestrais da tradição védica da Índia são interpretados como os ritmos primordiais da criação, que precedem a existência das formas materiais. O *Enuma Elish*, o "épico da criação" dos babilônios, começa com esta frase: "Quando o firmamento ainda não tinha um nome."[9] Na maioria dos casos, essas narrativas míticas descrevem a origem de todas as coisas como ocasionada pela ação de alguma divindade ou de várias trabalhando em conjunto. É por meio da intervenção divina que as religiões resolvem o problema da Primeira Causa. Apenas entidades que existem além dos confins do tempo e do espaço, além das leis da natureza, ou seja, entidades *sobre*naturais, podem criar aquilo que existe na natureza e que, portanto, nasce, cresce, decai e se regenera. Algumas dessas narrativas míticas, como as dos maori da Nova Zelândia, descrevem a origem do mundo sem uma intervenção divina, produto de um ímpeto existencial próprio e não causado, a partir de uma urgência espontânea de ser. Já outros, como os jainistas da Índia, acreditam que o universo é eterno, existindo além dos ciclos cármicos de reencarnação que muitas seitas budistas pregam.[10]

Apesar das várias diferenças culturais, todas as narrativas de criação do mundo, míticas ou científicas, expressam o mesmo senso humano de maravilhamento com o mistério da nossa existência, com o fato de pertencermos a uma realidade que transcende a nossa compreensão. Como escreveu Einstein, "o que vejo na natureza é uma estrutura magnífica que compreendemos apenas imperfeitamente e que inspira um profundo senso de humildade nas pessoas que procuram respostas".[11] A história de quem somos é, também, a história de como o universo evoluiu. Com o passar dos milênios, nosso fascínio por questões relacionadas com nossas origens nos transformou nos animais que contam histórias, em seres que encontram um senso de propósito ao tentar decifrar os mistérios do universo.

PARTE IV

O UNIVERSO CONSCIENTE

8

Biocentrismo

O mundo natural é a comunidade sagrada à qual todos pertencemos. Nos alienarmos dessa comunidade nos destitui de tudo aquilo que nos torna humanos. Quando ferimos essa comunidade, diminuímos a nossa própria existência.

– Thomas Berry, *O sonho da Terra*

Um novo imperativo moral

Um universo sem vida é um universo morto. Um universo sem mentes não tem memória. Um universo sem memória não tem história. O surgimento da humanidade marcou o despertar do universo consciente, um universo que, após 13,8 bilhões de anos imerso em um silêncio profundo, encontrou uma voz que contasse a sua história. Antes de a vida existir, partículas de matéria colidiam e estrelas nasciam e morriam sem que houvesse uma testemunha, sem que houvesse mesmo a noção de existência: o universo se limitava ao desenrolar de processos físicos e químicos, seguindo as leis da natureza que ditam o comportamento da matéria inerte. Não havia um propósito nisso, nenhum grande plano da Criação responsável pelo que ocorria. O tempo passava e a matéria interagia com a matéria, enquanto a gravidade esculpia as estrelas e as galáxias.

O surgimento da vida na Terra mudou tudo. Matéria viva não passa o seu tempo passivamente. Matéria viva é matéria "animada", matéria com propósito, o propósito de se manter viva.[1] Como escreveu o teólogo da ecologia (ou ecoteólogo) Thomas Berry, "o termo *animal* indica um ser dotado de uma *alma*".[2] A vida é um aglomerado de materiais que se manifesta pelo seu propósito de ser. Esse senso de propósito, essa autonomia focada em querer sobreviver, descreve a vida da forma mais geral. *A vida é matéria que quer.* No nosso mundo, as montanhas, os rios, os oceanos e o ar sustentam cada criatura viva. A vida fora da Terra, se houver, será, muito provavelmente, bem diferente da vida aqui. Mas terá o mesmo propósito de sobreviver, de se perpetuar em profunda comunhão com o ambiente natural em que existe. A alternativa, é óbvio, seria a extinção. Quando existe, a vida luta para continuar a existir. A vida é matéria com intencionalidade.

A vida que não apresenta níveis mais sofisticados de cognição não tem consciência de que vive. Sabe, obviamente, que precisa sobreviver e fará o possível para não perecer, desenvolvendo estratégias de sobrevivência com níveis de sofisticação que variam de espécie a espécie. Vai buscar comida, comer quando tem fome e descansar quando está cansada; vai encontrar ou construir um abrigo para proteger a sua prole e a si mesma; vai lutar para se manter viva, usando a força ou estratégias, como as plantas. No decorrer do tempo, animais e plantas criaram uma diversidade impressionante de truques e armas para se manter vivos. Animais podem ter uma gama de emoções bem mais abrangente do que imaginamos, se bem que é muito difícil para nós entender o que se passa em suas mentes. Alguns sentem alegria e tristeza; outros ajudam membros de sua espécie e mesmo de outras, desenvolvendo relações afetuosas e significativas. (Afinal, é por isso que nos apegamos aos nossos animais de estimação e eles a nós.) Mas mesmo sendo capazes de sentir de forma profunda, animais não se questionam sobre o significado de sua existência ou se suas vidas fazem sentido. Ao menos até onde sabemos, eles não contam histórias sobre as suas vidas ou se questionam sobre a origem de todas as coisas. Nós, humanos, somos os animais que fazem isso.

E o que fizemos com essas habilidades únicas? Tornamo-nos excelentes caçadores e guerreiros, artistas e contadores de histórias, idolatramos deuses, cobiçamos o poder e o amor; um paradoxo, ao mesmo tempo animais e semideuses, capazes das criações mais belas e dos crimes mais hediondos. Somos amantes e assassinos, construtores e destruidores, acreditando estarmos acima da natureza, donos do planeta e de seus recursos. Refutamos os ensinamentos dos nossos antepassados e das culturas indígenas do passado e do presente, que adoravam a terra como a sua mãe e os animais como seus companheiros, com os mesmos direitos à vida e ao território que os homens. Capazes que somos de domar tantos dos nossos medos, do fogo aos leões, ficamos embriagados com esse poder, e nos julgamos invencíveis. Mas nossos antepassados sabiam muito bem, como deveríamos saber hoje, que não podemos domar a natureza. Podemos mudar o curso dos rios e queimar florestas, exterminar inúmeras espécies, criar represas e consumir montanhas, mas não podemos evitar o surgimento de novas doenças ou que cataclismos nos destruam. No máximo, podemos minimizar os danos e as mortes. Podemos matar lobos e tigres, mas não controlar erupções vulcânicas. Somos ao mesmo tempo grandes e pequenos, poderosos e limitados. Nosso sucesso criou um falso senso de confiança, nos levando a acreditar que podemos controlar o planeta e suas forças. Essa ilusão precisa terminar.

Nosso planeta, mesmo que vasto, é limitado. E o que estamos presenciando agora é uma resposta ambiental que tem o poder de, se não de nos destruir, ao menos alterar o rumo da história, e não da forma que seria melhor para nós.

Não podemos nos separar da natureza, acreditando estar acima de seus ciclos e transformações. Mas é o que ocorre, e achamos que está tudo sob controle, que podemos sobreviver impunemente, do modo que queremos, sem nos preocupar com as consequências de nossas ações e escolhas. Construímos cidades e fazendas gigantescas, empurrando para longe os limites das florestas, da selva "selvagem". Nesse meio-tempo, para manter o nosso projeto de civilização, consumimos as entranhas do planeta, o petróleo, o gás e o carvão que vêm de restos soterrados de animais que viveram aqui há milhões de anos, em um processo que Carl Sagan uma vez comparou a um tipo grotesco de canibalismo. Com isso, nos distanciamos das nossas raízes evolucionárias, das nossas origens na natureza, e nos esquecemos de que somos parte integral dessa ecologia. Profanamos as terras que nos sustentam há milênios, desprezando e ferindo o que mais precisamos para existir, o planeta que nos abriga.

Essa velha narrativa, que nos últimos 10 mil anos define a nossa relação com o planeta, precisa mudar. É chegado o momento do novo humano, aquele que entende que todas as formas de vida são codependentes; que tem a humildade de tratar todas as criaturas como quer ser tratado: com respeito e dignidade. Essa postura, conforme propomos aqui, é fundamentada na confluência de várias culturas, combinando as sabedorias milenares de tradições indígenas com a nova ciência dos céus, que nos revelou a diversidade dos trilhões de mundos que existem e a raridade do nosso dentre eles. Essa visão combina razão e espiritualidade, o material e o sagrado, se recusando a objetificar o mundo natural. O princípio fundamental dessa visão biocêntrica é que *todo planeta que abriga a vida é sagrado*. E o que é sagrado precisa ser reverenciado e protegido. Um planeta que abriga a vida é profundamente diferente dos incontáveis mundos espalhados pela vastidão do espaço, mundos sem qualquer atividade biológica, mundos mortos. Um planeta que abriga a vida é um planeta vivo, onde o cosmo e a vida se entrelaçam para criar uma totalidade inseparável. E de todos os mundos que (potencialmente) abrigam a vida, em nossa galáxia e em outras, a Terra brilha mais forte, a morada de uma espécie capaz de contar histórias e de se questionar sobre o propósito da vida.

Quanto mais buscamos pela vida em outros mundos, mais bem entendemos como a Terra é rara, como a vida é rara, e como nós, humanos, somos raros. Somos a voz do universo, a voz que conta a história cósmica, e precisamos reorientar nosso futuro, evoluindo além de nossos ímpetos destruidores e de nossa ganância material. A história que contamos até agora, a narrativa copernicana de que nada somos num universo gigantesco, de que a Terra é um mero planeta em meio a trilhões de outros, é um equívoco que precisa ser revisado. Nossa importância vem do fato de sermos a única espécie que entende o que significa ser importante. Somos importantes porque entendemos nossa conexão evolucionária com todas as formas de vida que existem neste planeta, descendentes que somos do mesmo antepassado, uma bactéria que viveu bilhões de anos atrás. Somos importantes porque entendemos como a vida na Terra depende de toda a história do universo, desde as propriedades das partículas subatômicas até a expansão cósmica. Somos importantes porque somos como o universo reflete sobre a própria existência. Somos importantes porque o universo existe por meio de nossa mente.

Nosso desafio maior começa quando tentamos cocriar e dividir valores com pessoas que pensam de modo diferente. Isso é tanto verdade no nosso dia a dia quanto nas grandes questões jurídicas que a humanidade enfrentou e enfrenta. Infelizmente, regrais morais não são aceitas de forma universal por culturas diversas. Como sabemos bem, aqueles que, para um grupo, são considerados terroristas, para outro são libertadores de alguma forma de opressão. Em muitos casos, valores que fazem parte de uma cultura são criminalizados em outras. Religiões e filosofias políticas seguem códigos morais diferentes, e essas diferenças provocaram e continuam a provocar guerras e conflitos. O que propomos aqui, mesmo com todos esses obstáculos históricos e políticos, é que o novo aprendizado sobre a raridade da vida no nosso sistema solar e, muito provavelmente, na galáxia inteira, deveria elevar uma regra moral acima de todas as outras: a vida, em todas as suas formas, é sagrada. Não devemos mais considerar o universo apenas um sistema físico. Devemos considerá-lo uma entidade viva, onde a vida surgiu no passado e existe no presente. Como vimos, o conceito central dessa narrativa biocêntrica pós-copernicana é que um mundo vivo é um mundo sagrado. E, ao menos pelo que sabemos hoje, esse mundo vivo é o nosso planeta. Inspirados por essa nova ética da vida, devemos proteger o que é raro e precioso, a vida e este ou qualquer outro planeta que permite que ela exista.

A vida, ao menos como evoluiu aqui, não pode existir sem a Terra. Mas a Terra pode existir sem a vida. Transformar o nosso planeta, com sua biosfera vibrante, num planeta morto e desolado, como é o caso dos nossos vizinhos no sistema solar, seria o maior crime que a humanidade poderia cometer contra si mesma, contra todas as formas de vida, contra o universo. O biocentrismo é um princípio ético para uma humanidade consciente de seu papel planetário e cósmico, uma visão que celebra e protege a vida em todas as suas manifestações. Essa é a minha proposta para assegurar o futuro do nosso projeto de civilização e o bem-estar da biosfera. Para tal, ela vai além da posição pré-copernicana, que defende a excepcionalidade do ser humano (somos o centro da Criação), e, também, do niilismo copernicano (nada somos perante a vastidão do universo), propondo, em contrapartida, nossa profunda codependência e interconexão com toda a rede da vida que abraça o nosso planeta. O princípio biocêntrico oferece um propósito coletivo para a humanidade, dado que, excluindo uma colisão cataclísmica com um asteroide, nós é que temos o poder de preservar ou destruir a biosfera. A alternativa – inação ou negligência – causaria enorme sofrimento para toda a população, especial mas não exclusivamente para aqueles com menor poder aquisitivo e para as nossas crianças e futuras gerações. Dentro desse quadro, me parece que a escolha deveria ser óbvia.

Essa é a nossa história coletiva, a história de uma espécie que, em meio a tantas outras, aprendeu a transformar matéria-prima em ferramentas de trabalho e em obras de arte, que aprendeu a falar e a contar histórias de amor e solidão, de guerras e feitos heroicos, de triunfos e fracassos. Os desafios que enfrentamos hoje, resultado de nossa inabilidade de criar uma relação sustentável com o ambiente natural que nos mantém vivos, enfrentamos todos, como membros da tribo humana. Caímos no buraco que cavamos e que vai ficando cada vez mais fundo, mas podemos ainda escapar se abraçarmos a nossa missão planetária e cósmica. Se temos um papel coletivo na história do universo, se estamos aqui unidos por um propósito que transcende as nossas necessidades individuais e que nos une como um todo, não devemos destruir o nosso próprio legado. Pelo contrário, devemos nos reconectar com o planeta e a sua biosfera com a humildade e o respeito do devoto, não com a espada e o ódio do carrasco. Esse é o imperativo moral de nossa era.

9

Um manifesto para o futuro da humanidade

Se você é um poeta, verá claramente que existe uma nuvem flutuando sobre essa folha de papel. Sem a nuvem, não há chuva; sem chuva, as árvores não crescem; e sem as árvores, não podemos fazer papel...
Portanto, podemos dizer que a nuvem e o papel intersão...
Tudo – o espaço, o tempo, a Terra, a chuva, os minérios no solo, o brilho do Sol, a nuvem, o rio, o calor e mesmo a consciência – está nessa folha de papel. Tudo coexiste com ela.
Para ser é preciso interser.
Você não pode ser sozinho; você precisa interser com todas as outras coisas.
Mesmo que tão fina, essa folha de papel contém tudo o que existe no universo.
– Thich Nhat Hanh, The Other Shore

Dez mil anos de civilização agrária e industrialização trouxeram grande prosperidade para um subgrupo da população mundial – aqueles que são donos de terras e dos meios de produção –, criando, também, uma enorme disparidade econômica e devastação ambiental. O que trouxe riqueza para alguns trouxe miséria para muitos outros.

Essa prosperidade foi largamente acelerada após o nascimento da ciência moderna e de suas aplicações tecnológicas, o que deu origem ao maquinário da industrialização e da proliferação urbana. Esse crescimento foi nutrido literalmente pelas entranhas da Terra – o petróleo, o gás natural e o carvão, escavados e bombeados para as refinarias localizadas na superfície –, pelos restos mortais de animais e plantas que viveram aqui há milhões de anos, pouco a pouco reprocessados pelo tempo.

Por nosso intermédio, a vida do passado cria a destruição da vida do futuro.

A queima desenfreada dos combustíveis fósseis, adicionada ao crescimento populacional e ao aumento da expectativa média de vida, e o consequente aumento na demanda por recursos como energia e alimentos, causou uma devastação ecológica de dimensões épicas. Infelizmente, como deveria estar claro hoje, a ganância material que alimenta esse crescimento, a mentalidade do sempre querer mais, é incompatível com um planeta generoso, mas limitado em seus recursos. Até aqui, a fórmula tem sido simples: para continuar a crescer, precisamos continuar a invadir os vários ambientes naturais, as florestas, os campos, os rios, os oceanos, os lagos, acreditando que as plantas e os animais são criaturas inferiores, sem direito à vida ou aos seus hábitats. Desde o início da era agrária, nos posicionamos como donos da terra, com o direito de fazer dela o que bem quisermos.

Quando os deuses deixaram as montanhas, os rios e as florestas para habitar os céus distantes, a Terra perdeu o seu encantamento, se transformando num mundo desprotegido, feito de pedras, habitado por árvores e animais, pronto para ser usado por nós com a benção de deuses distantes do mundo natural. Deus diz, no Antigo Testamento, versículo 26 do Gênesis I: "Façamos o homem a nossa imagem, como a nossa semelhança, e que ele *domine* os peixes do mar, as aves do céu, os animais domésticos, todas as feras e todos os répteis que rastejam sobre a terra." E no versículo 29: "Eu vos *dou* todas as ervas que dão semente, que estão sobre toda a superfície da terra, e todas as árvores que dão frutos que dão semente: isso será vosso alimento."[1]

Essa narrativa religiosa tem base numa inversão perigosa de hierarquias: na verdade, não é o homem que é primário, mas a Terra. Como a sabedoria indígena de milênios intui muito bem, tudo que fazemos e construímos depende da Terra e de seus recursos, e tudo de que precisamos vem dela. Se já não precisamos caçar e colher frutos para o nosso sustento, as atividades agropecuárias, a mineração e o extrato de combustíveis fósseis são atividades violentas, que cortam a terra em pedaços, devoram florestas e poluem o ar e as águas. Por 10 mil anos essa tem sido a nossa atitude com o mundo natural, tratá-lo como nossa propriedade, seus recursos como nossos pertences, o seu uso o nosso direito. Agora que chegamos a essa encruzilhada, deveria estar claro que tal atitude é moralmente injusta e economicamente insustentável.

Precisamos nos reinventar, sem abandonar nossos feitos até aqui, mas reorientando nossas tecnologias e nosso crescimento econômico numa nova direção ética que trata a Terra e sua biosfera como uma comunidade sagrada à qual pertencemos – não como seus donos, mas membros, em pé de igualdade, com as outras criaturas. Toda criatura, mesmo sem uma voz legal, tem o direito de existir, de executar o seu projeto de vida, como temos nós. Na nossa inconsistência moral, às vezes chamada de dissonância cognitiva, tratamos do nosso cachorrinho ou do nosso gatinho com todo o amor, mas comemos outros animais sem a menor preocupação com a sua vida ou com como são destruídos. Ninguém quer pensar na história que começa com o bezerrinho na fazenda e termina com o pacote de carne no supermercado. Tratamos dos nossos jardins como se fossem templos, mas cortamos florestas com total impunidade e sem culpa.

Esse é o comportamento de uma cultura controlada pela ganância, não pela compaixão. Toda criatura viva precisa comer; não há como escapar dessa realidade. Mas podemos transformá-la moralmente, respeitando e honrando o que matamos, replantando e restaurando aquilo que colhemos. Nossos antepassados evoluíram para comer o que podiam achar: carnes, frutas, raízes. Não tinham o luxo da escolha, como temos hoje. Além disso, atualmente temos o conhecimento e os meios de produção para diminuir, de maneira radical, nosso consumo de carne e mesmo assim ter uma nutrição saudável. Para complicar, nossos métodos são ineficientes, gastando enormes quantidades de recursos e alimentos. Substituímos a eficiência do caçador pelos excessos das nossas máquinas de produção. O resultado disso tudo é que fizemos o planeta adoecer; e um planeta doente não pode sustentar vidas saudáveis.

Neste momento histórico, a humanidade continua a se comportar como uma massa incoerente de tribos em combate, a maioria sem refletir nas consequências das nossas escolhas. Marchamos, resolutos e sem questionamento, em direção à autodestruição. Muita gente acha que ações individuais, as escolhas que fazemos todos os dias sobre como vivemos, não têm um impacto em nosso futuro coletivo. Acreditamos que essa é a função dos governos e das grandes empresas; eles sim podem engendrar mudanças de impacto social. Não há dúvida de que interesses políticos e econômicos têm um papel essencial no rumo do nosso planeta. Porém, se olharmos para as lições da história, aprendemos que grandes transformações são muitas vezes criadas por uns poucos agentes, aqueles que sabem que mudanças são absolutamente necessárias e que têm a coragem de lutar pelo bem comum. Pense, por exemplo, nos grandes líderes religiosos como Jesus, Maomé, Moisés ou Buda, e nos incontáveis mártires que foram torturados e mortos por defender suas ideias e crenças. Pense em Martin Luther King Jr., em Mahatma Gandhi, em Nelson Mandela, em Tiradentes, e nas suas lutas pela igualdade racial e liberdade de expressão. Ou, voltando às origens do pensamento ocidental, pense em Sócrates, Platão ou nos estoicos e sua busca por uma vida melhor, vivida com o propósito de fazer o bem social. Finalmente, pense na coragem intelectual de cientistas como Copérnico, Bruno, Galileu e Kepler, que, para promover suas ideias revolucionárias sobre o universo, foram contra a liderança religiosa e política de sua época, mesmo sabendo dos perigos.

Felizmente, o sacrifício que precisamos fazer agora não requer lutas sangrentas. Ao contrário, essa revolução tenta evitá-las. O que precisamos agora é de uma nova consciência planetária, que se reflete nas escolhas que fazemos: como comemos, como usamos energia e água, como nos relacionamos com as pessoas e com os animais, como nos posicionamos em relação ao planeta. Considerando o papel das revoluções no passado, essa seria a de maior impacto na história da humanidade, a primeira vez na nossa história coletiva em que nos unimos não como esta ou aquela tribo ou este e aquele grupo político lutando por seus direitos, mas uma espécie *inteira* lutando pela sua sobrevivência e pela dignidade de todas as criaturas vivas. A bandeira desse movimento não celebra partidos nem ideologias políticas, mas a sacralidade do nosso planeta. Lutamos contra o que fomos no passado para criar um novo futuro para todos.

Podemos já ver os primeiros passos dados em direção a essa mudança, mesmo se ainda limitada a uma minoria que, movida por um poderoso senso de justiça planetária, busca motivar e recrutar mais participantes. Um novo senso de urgência se faz cada vez mais presente, à medida que o aquecimento global aumenta a intensidade devastadora das tempestades e das secas, causando doenças e fome por todo o planeta, amplificando injustiças sociais por conta de deficiências econômicas cada vez mais agudas. A cada dia, mais pessoas se juntam a essa causa, rejeitando a inevitabilidade da nossa situação, o pessimismo derrotista e alarmista de vários intelectuais públicos e influenciadores, e se mobilizando contra o sofrimento desnecessário de tantas comunidades espalhadas por todo o mundo, contra o sofrimento e o abuso dos animais, e o desespero silencioso das florestas, que continuam sendo cortadas e queimadas sem trégua.

Existem dois obstáculos principais que se opõem a uma mudança de postura de caráter global, duas grandes muralhas que precisam ser derrubadas. A primeira é a velha narrativa que nos posiciona acima da natureza, acima de todas as outras formas de vida, como os donos do planeta. As origens dessa ilusão têm raízes que se estendem à monetização da terra, quando alguém decidiu que um pedaço de terra tem valor financeiro, criando o conceito de propriedade. "Essa terra é minha e se você quiser entrar aqui tem que ter minha permissão. E se quiser usar algum produto daqui tem que me pagar." Desde então, acreditamos ser donos de pedaços do planeta, mesmo que as terras que "são nossas" continuem no seu lugar muito depois de morrermos. No máximo, podemos nos considerar guardiões temporários da terra, jamais seus donos. Como os animais, precisamos de abrigo. Mas a primeira casa que temos não é um pedaço de terra, mas o planeta que nos permite existir. E essa é a casa de todas as criaturas vivas da biosfera, não só a nossa. Se tirarmos o oxigênio da atmosfera, a proteção do campo magnético terrestre, o divagar das placas continentais, a Lua, a camada de ozônio, a vida como a conhecemos, tudo isso não poderia existir. Tudo que fazemos só é possível porque a Terra nos oferece a possibilidade de existir, incluindo as casas que acreditamos ser "nossas".

O ponto, aqui, não é tentar abolir a propriedade de terras, mas entender que o pedaço de terra que acreditamos ser nosso não é; ele pertence ao planeta, que generosamente nos permite o usufruto por um breve tempo. O valor que associamos às terras é uma invenção humana, sem qualquer significado em escalas de tempo geológicas. A terra onde vivemos agora e onde os nossos descendentes possivelmente viverão continuará a existir por muito tempo, um tempo bem mais longo do que a duração de algumas gerações humanas. No mínimo, o planeta merece a nossa gratidão.

Como vimos, a astronomia moderna também nos ajuda a reorientar essa narrativa, agora que entendemos que a Terra é um mundo único no universo, que a vida complexa que encontramos aqui é um fenômeno raro, assim como também é a existência de uma espécie capaz de contar a própria história. A narrativa pós-copernicana e biocêntrica que construímos aqui posiciona a vida como o grande clímax da história cósmica e a humanidade, sua voz e memória. Quanto mais aprendemos sobre o universo, melhor entendemos nosso propósito e importância. Somos mensageiros cósmicos, ao mesmo tempo matéria e voz das estrelas.

O segundo obstáculo a uma mudança de postura global é a nossa fixação no material em detrimento do espiritual. Vários líderes religiosos, de Buda e Lao Tsé a Jesus e tantos outros, nos alertaram para os perigos do materialismo excessivo. Como cultivar o espírito numa cultura dominada pela posse, que valoriza coisas antes de emoções, que usa uma joia cara para representar o amor?

Primeiro, devemos expandir o sentido da palavra *espírito*, dando-lhe um significado não tradicional. Sua origem vem do latim *spirare*, que significa respirar. Daqui, vemos que o que queremos representar com a palavra espírito é aquilo que nos *inspira,* que nos infla como balões, para que possamos explorar novas terras e vivenciar experiências que possam expandir nossa capacidade de compreensão humana, levando a estados de transcendência, a encontros com o sublime. Essa é a mágica existencial da *espiritualidade secular*, que vai além dos preceitos e suposições hierárquicas da religião organizada para focar na experiência do sagrado. A espiritualidade secular é não denominativa, descompromissada da fé em crenças sobrenaturais, em almas, em deuses e espíritos imortais. Ela não critica os que optam por essa fé, pois considera a arrogância uma fraqueza humana decorrente do apego ao material. Mas não precisa dela para encontrar o sagrado. Seu fundamento mais básico é que todo ser humano é um ser espiritual. Precisamos viver vidas com propósito, passar por experiências transformadoras que nos levem ao transcendente, aqueles raros momentos em que, abertos emocionalmente, nos deparamos com o sagrado.

Algumas pessoas se conectam com o sublime por meio de preces tradicionais, exploram montanhas e desertos, tocam um instrumento ou dançam, meditam, criam obras de arte ou escrevem poemas, praticam artes marciais, usam psicodélicos para expandir mente e coração ou se sentam em silêncio, em seus quartos, buscando um encontro com o que vai além do que chamamos de "vida normal". As escolhas de cada um são subjetivas, derivadas de trajetórias pessoais ligadas a um contexto familiar e cultural. Mas a busca humana por um senso de maravilhamento é universal; o caminho espiritual que nos permite mergulhar no mistério de quem somos.

O Iluminismo abriu inúmeras possibilidades para o que podemos criar a partir do uso diligente da razão. Como resultado, transformamos a sociedade e o mundo, e continuamos a fazê-lo a passos cada vez maiores. Essa transformação, como todas com base na inventividade humana, tem um lado luz e um lado sombra. Como vimos, o combustível que permitiu esse progresso sem igual na nossa história veio do planeta e de seus recursos naturais limitados. É claro que, esse modelo de crescimento infinito não poderia continuar sem que pagássemos um preço alto. Como a brilhante filósofa e teóloga Simone Weil argumentou, a mecanização da economia erradicou a alma humana.[2] Nenhuma pessoa que corta milhares de acres de uma mata virgem, ou perfura o subsolo em gigantescos projetos de mineração, ou mata diariamente centenas de animais em fazendas comerciais, pode manter uma conexão espiritual com a Terra e com a vida. Sim, as pessoas precisam trabalhar para se manter, e muitas vezes não têm a liberdade de escolher. Certamente, aqueles no poder, a liderança que continua a promover esse tipo de economia com base nos moldes do passado, ou os que investem nessas empresas, o fazem sem culpa ou, pior ainda, sem saber quais as consequências de suas ações. Neste momento de nossa história coletiva, cada pessoa precisa se responsabilizar pelas escolhas que faz, entendendo como refletem seus valores. Dado o que sabemos hoje, continuar a apoiar esse tipo de devastação ambiental demonstra um profundo descaso pelo planeta, pela vida e pelo futuro das novas gerações. Não deveria ser uma surpresa que esse crescimento ocorreu lado a lado com a dessacralização do planeta, com a sua objetificação. Se continuarmos nessa trajetória, estaremos confirmando o fracasso do nosso projeto de civilização.

Com esses argumentos em mente, que medidas podemos implementar para reorientar o curso da civilização?

A premissa central do *biocentrismo* é que um planeta com vida é sagrado e deve ser respeitado e venerado. Somos parte da coletividade da vida, codependentes e coevoluindo com toda a biosfera.

A base conceitual para essa mudança de mentalidade é a revelação científica de que *a vida é um evento raro no universo e a Terra, um planeta raro*. Talvez a vida exista em outros mundos, até mesmo a vida inteligente. Na prática, dadas as vastas distâncias interestelares e a falta de qualquer evidência confirmando a existência de vida extraterrestre, precisamos nos conscientizar de nossa solidão cósmica, arregaçar as mangas e começar a trabalhar imediatamente na reorientação de nosso projeto de civilização em uma direção que garanta o seu futuro.

Essa é uma revolução dedicada ao *despertar espiritual da humanidade*, uma espiritualidade sem denominação específica, centrada na reconexão de cada um de nós com a terra e com a coletividade da vida à qual pertencemos.

Não há nada de inocente em acreditar num movimento que combina ciência com uma espiritualidade secular. Inocente é continuar a acreditar que as coisas podem continuar como estão e que tudo se arranjará, ou que não há nada que possamos fazer, ou que a ciência por si só será capaz de nos salvar. A ciência é, sem dúvida, uma ferramenta essencial para o nosso futuro coletivo. No entanto, sem um comprometimento com a preservação da Terra e da vida, sem a compreensão de que pertencemos ao mundo e não o mundo a nós, sem uma profunda convicção de que a humanidade pode mudar coletivamente, a ciência continuará a ser usada principalmente para servir a grupos de interesse que visam expandir o seu controle sobre o ambiente natural. Esse tem sido o caso nas alianças da ciência com o Estado e com a indústria desde as suas origens no século XVII, e mesmo bem antes, na Antiguidade. Para que se transforme numa força dedicada exclusivamente ao bem comum, a ciência precisa se aliar a uma ética biocêntrica que reflita a nossa conexão espiritual com a Terra e a sua biosfera. Essa transição está começando a acontecer aqui e ali, mas não rápido e suficiente.

Todo indivíduo tem um papel a cumprir. Por sorte, esse papel não requer os sacrifícios de uma revolução sangrenta. Em vez de pagarmos com nossas vidas, celebramos e preservamos a vida, alinhando nossos valores e ações segundo três princípios: o princípio do *menos* para garantir a sustentabilidade; o princípio do *mais* para nos reaproximar do mundo natural; e o princípio da *consciência* na compra e no consumo de produtos e bens:

O princípio do menos para garantir a sustentabilidade: Cada pessoa deve analisar criticamente o que come, como usa energia e água, quanto lixo produz e como se desfaz dele, incluindo reciclagem e compostagem. A abordagem deve focar no *menos*: menos carne, menos energia, menos água, menos lixo.

O princípio do mais para nos reaproximar do mundo natural: Sempre que possível, as pessoas devem se engajar mais com a natureza. Se florestas, parques naturais, praias, montanhas ou trilhas não são acessíveis, procure caminhar na orla marítima, ao longo de um rio ou na beira de um lago, explore parques e praças na sua cidade ou plante um jardim em casa. Escolas e famílias devem levar seus alunos e filhos em passeios que explorem o mundo natural e organizar visitas a fazendas e indústrias que utilizam práticas sustentáveis que visam à preservação ambiental. Essas iniciativas irão contribuir para uma mudança de mentalidade na qual a natureza passa a ser um bem comum, não um objeto de exploração. A abordagem deve focar no *mais*: mais consciência da vida e dos processos naturais que ocorrem à nossa volta, mais gratidão pelo planeta que nos permite existir, e mais compaixão e bondade para com todas as formas de vida.

O princípio da consciência na compra e no consumo de produtos e bens: Consumidores têm o poder de influenciar as práticas empresariais. A lógica é simples: se consumidores não compram produtos de certa empresa, suas vendas caem e essa corporação é forçada a mudar as suas práticas. Unidos, consumidores têm enorme poder para acelerar mudanças na orientação ética das instituições. As pessoas devem ter consciência das escolhas éticas das empresas que produzem os produtos que compram.

Essas empresas se alinham com valores biocêntricos? Tentam minimizar o seu impacto na produção de carbono? Incentivam práticas que refletem uma preocupação com a preservação ambiental? Promovem inclusão e igualdade de gênero na contratação de seus funcionários? Praticam filantropia, retribuindo à sociedade e ao planeta? Há uma preocupação com a cadeia de produtividade, respeitando todos os empregados, oferecendo salários e benefícios dignos? Essas empresas são parceiras de seus clientes ou ainda os consideram "alvos" de "campanhas" publicitárias? Quanto maior o número de pessoas que compram produtos de empresas que adotam uma prática sustentável alinhada com uma ética ambiental biocêntrica, mais os preços de seus produtos irão cair, tornando-se acessíveis a um número maior de consumidores. **Consumidores do mundo: unidos vencemos nós e a natureza!**

Independentemente de afiliações políticas ou religiosas, *todas as escolas devem incluir a história do universo e da vida em seus currículos, beneficiando alunos de todas as idades* e ampliando detalhes para estudantes mais velhos. Essa narrativa cósmica deve unir as ciências naturais e as áreas humanas como criações complementares do questionamento humano. Sua adoção curricular não deve ser politizada. Uma mudança de mentalidade começa com uma mudança de orientação moral. Se a humanidade vai mudar a sua relação com o planeta e com a coletividade da vida, essa mudança precisa ser alimentada em todas as salas de aula, em todas as mesas de jantar, em todos os templos e igrejas, promovida por professores, famílias e mentores. A reorientação do nosso futuro coletivo começa com o aprendizado da história da vida, explorando o "interser" de tudo que existe, a conexão dos átomos do nosso corpo, de uma pedra, das asas de uma borboleta, dos anéis de Saturno, com a história de todo o universo.

A espiritualidade natural é uma prática, uma busca que pede engajamento do corpo e da mente com a terra, uma conexão tátil, visceral, entre a totalidade do nosso ser e a totalidade do planeta. Quando conseguimos internalizar essa profunda união entre nós e o mundo, vivenciando o interser que abraça tudo que existe, nossa perspectiva necessariamente se transforma. Começamos a lamentar nossas práticas e escolhas passadas e nos apressamos a adotar as mudanças necessárias para garantir o futuro do nosso projeto de civilização. Temos a oportunidade e o privilégio de tratar a Terra com gratidão e reverência. Esse é o nosso momento de transformação. Quando dirigimos a nossa atenção às maravilhas do nosso mundo, com os olhos e o coração abertos, podemos sentir, no silêncio de um céu estrelado ou de um pôr do sol, a coletividade da vida nos acolhendo num abraço tão antigo quanto o tempo.

EPÍLOGO

A ressacralização da natureza

Toda estrutura de concreto esconde uma tristeza profunda, que somos treinados a ignorar. As paredes verticais à nossa volta, cinzentas e sufocantes, as calçadas sujas, cobertas pelos detritos da cidade, os cheiros e barulhos, o céu bloqueado pelos prédios, a natureza entijolada e sufocada, as pessoas fluindo pelas ruas com olhares vazios. Volta e meia vislumbramos um sorriso, uma saudação breve, que nos lembra de que por trás da máscara urbana existe um ser humano cheio de sonhos e planos. E a própria cidade pode ser bela, mesmo que austera, quando o arquiteto tenta criar algo que nos espanta, uma representação grandiosa da engenhosidade humana. Assim nos sentimos quando caminhamos numa avenida em São Paulo ou em Belo Horizonte, ou em tantas megalópoles pelo mundo. As cidades ditas belas são as que cultivam espaços verdes variados, as que deixam a natureza penetrar aqui e ali, as de avenidas largas repletas de árvores, as orlas perfiladas de palmeiras, os parques verdejantes com os bem-te-vis e os sabiás. E são nos parques e nas praias que as pessoas congregam, ao longo dos rios que cortam as cidades que se preocupam em mantê-los limpos, em fontes e chafarizes iluminados. Não iremos nem precisamos, claro, abandonar as cidades. Mas podemos nos comprometer a recalibrar nossa vida, buscar ambientes onde a natureza nos encanta, abrir espaço para mais verde e azul nas cidades, as cores das florestas e do céu, que falam com o nosso passado coletivo, que nos conectam com as nossas raízes distantes.

Nossa mente tende a criar fantasias de exatidão na arquitetura das cidades e das casas, a falsa segurança das linhas precisas, retas e anguladas, de curvas e círculos perfeitos, de geometrias que nunca encontramos no mundo natural. Longe da geometria fabricada das cidades, as linhas são tortas, as superfícies incertas, as pedras e folhas assimétricas, às vezes escapando da perfeição apenas sutilmente, para amplificar a simples beleza do inesperado. A suavidade das formas naturais é um convite que nos compele a apreciar a paisagem, que nos chama para as florestas e montanhas, que celebra nossa união com a coletividade da vida. Evoluímos por milênios nos campos e na selva, que agora nos parecem lugares distantes e até amedrontadores, tão longe estamos dessa realidade natural. "Selvagem" é onde está o perigo, o lugar que devemos evitar, aonde as crianças não devem ir. Construímos cidades com a intenção explícita de criar uma barreira entre nós e a natureza. E nosso sucesso foi tamanho que agora nos sentimos em casa dentro de paredes de concreto, retas e previsíveis. Nada num apartamento ou numa casa se movimenta por si só. Os ambientes em que vivemos e trabalhamos são paralisados pela artificialidade que criamos. Fechamos as janelas e persianas para bloquear a luz do Sol, preferindo iluminar nossos ambientes internos com luzes artificiais que tentam imitar essa luz. Quanto mais nos escondemos dentro da artificialidade urbana, mais nos distanciamos da natureza, e mais fácil é objetificá-la.

No entanto, toda criatura viva é uma manifestação do mundo por inteiro, carregando consigo as montanhas, os rios, os oceanos, as florestas, o indivíduo e a biosfera, formando um todo indivisível. Essa é a comunidade global do vivo com o não vivo, expressão da união entre o ser e a matéria, o elo sagrado da existência. Violar esse elo é decretar o nosso fim. Não podemos sobreviver acreditando que somos superiores à natureza, que estamos acima de suas leis.

Um mundo criado por Deus é considerado sagrado. Um mundo descrito exclusivamente pela ciência, um mundo de causas e probabilidades, não é. Ferir um mundo criado por Deus é um sacrilégio. Ferir um mundo fundamentado em causas e probabilidades é uma ação que parece não ter repercussões éticas. Ao exorcizar os deuses do mundo, a ciência abriu as portas para as ações destruidoras do homem. Vemos isso claramente quando comparamos os valores das culturas indígenas – seu respeito pela terra e por todas as criaturas e objetos que existem nela, vivos ou não – com os valores desespiritualizados da civilização industrial. Não queremos nem precisamos trazer os deuses de volta ao mundo, mas é necessário restabelecer uma conexão espiritual secular com a natureza. Aqui vemos a conexão entre a sabedoria indígena e o conhecimento científico moderno que, como exploramos neste livro, iluminam e informam o caminho adiante. Precisamos ressacralizar o mundo, tratá-lo com a reverência e a gratidão que merece. "Sagrado" aqui não significa uma realidade assombrada por presenças divinas sobrenaturais. Representa, sim, uma realidade física que nos convida a nos engajar no mistério da existência, que abre as portas da nossa percepção para que possamos nos conectar com o sublime, com uma realidade onde a natureza é o templo que a todos acolhe, onde nos prostramos com humildade e gratidão.

A realização plena da condição humana só se realizará quando, juntos como uma única espécie, abraçarmos a coletividade da vida como um todo. Esse é o imperativo moral de nossa era. Essa é a nossa missão mais sagrada.

AGRADECIMENTOS

Nem sempre nos damos conta de que as pessoas que mais nos inspiram, que mais transformam as nossas vidas, são as que estão mais próximas. Durante os muitos anos que passei amadurecendo as ideias que se transformaram neste livro, com frequência revisitei a minha infância e adolescência em busca de fragmentos de memórias de meus irmãos e de meus pais, especialmente momentos que dividimos juntos nos jardins de que meu pai cuidava com tanto carinho. Com a podadeira no bolso, cavava e cutucava a terra, plantando sementes, extraindo vida, que logo explodia numa profusão de flores e frutos que só os trópicos produzem. "Uma semente contém a árvore e as frutas que comemos, um universo inteiro numa coisa tão pequena", dizia. Uma infinidade de pássaros e insetos cortejava esse pequeno mundo, que eu, extasiado com essa diversidade toda, tentava compreender com a cabeça e o coração, sentindo já uma ligação forte entre o mundo natural e a minha essência, buscando algo maior do que as palavras podem captar. Mesmo nos seus dias mais tristes, ou talvez por causa deles, meu pai trabalhava no seu jardim para trazer mais vida ao mundo. Era o seu escape para a morte que não podia controlar. Não seria eu sem você.

Meus irmãos e suas famílias são um antídoto constante para os momentos difíceis da vida. Eu não poderia ser mais grato pelo seu amor, pelo barulho, pelos risos, pelas bagunças e pelos debates intensos e apaixonados sobre tudo e nada.

Meus filhos me surpreendem todos os dias, cada um crescendo ao seu jeito, todos seres humanos maravilhosos, criativos, engajados socialmente, com um profundo senso de justiça social e amor pelo conhecimento. É uma benção tê-los em minha vida.

Minha esposa, Kari, ilumina cada um dos meus dias com a sua alma generosa, vibrante, nobre e sábia. Uma companheira que aparece mais em sonhos do que na vida real. Eu sinto que enganei os deuses para ter você ao meu lado.

Meus queridos amigos Mauro, Everard e Adam, vocês me ajudam a entender o mundo quando nada parece fazer sentido. É uma pena que, na nossa vida corrida, temos tão pouco tempo para estarmos juntos.

Meu agente literário e caro amigo, Michael Carlisle, que sempre acredita nos meus projetos e me ajuda a torná-los uma realidade.

Agradeço de coração ao meu amigo William Egginton, por ter lido o manuscrito e pelas suas brilhantes sugestões, e a Jeremy DeSilva, pelo seu conhecimento sobre os nossos ancestrais distantes. E a Mary Evelyn Tucker por ter me introduzido ao pensamento inspirador do ecoteólogo Thomas Berry.

À minha editora Gabriella Page-Fort na HarperOne, por sua fé e entusiasmo neste projeto, por suas ideias que trago aqui e por também se engajar na luta para construir um mundo melhor.

À excelente equipe da Record, desde o Rodrigo Lacerda, que iniciou todo o processo editorial deste livro, ao Lucas Telles, que o concluiu, e ao excelente trabalho de Sara Ramos e Marlon Magno, que, sob supervisão de Thaís Lima, tornaram o texto melhor e mais acessível.

NOTAS

Prólogo: A história que contém todas as histórias

1. Copérnico não foi o primeiro a propor esse arranjo para o sistema solar. Aristarco de Samos, filósofo e astrônomo grego que viveu no século III a.C., já havia proposto que a Terra girava em torno do Sol e em torno de si mesma.
2. Veja, por exemplo, meu livro *A ilha do conhecimento*, para mais detalhes.
3. Para citar alguns: Rachel Carlson, *Primavera silenciosa* [*Silent Spring*], edição de quarenta anos (Nova York: Houghton Mifflin, 2002); Elizabeth Kolbert, *A Sexta Extinção: uma história não natural* [*The Sixth Extinction: An Unnatural History*] (Nova York: Picador, 2015); Toby Ord, *The Precipice: Existential Risk and the Future of Humanity* (Nova York: Hachette Books, 2020); James Lovelock, *A vingança de Gaia* [*The Revenge of Gaia: Earth's Climate Crisis & The Fate of Humanity*] (Nova York: Basic Books, 2007).

PARTE I: MUNDOS IMAGINADOS

1. Copérnico morreu! Vida longa ao copernicanismo!

1. Todas as citações de Copérnico são de seu livro *Sobre as revoluções das esferas celestes* (Londres: MacMillan, 1978).
2. Na época, se acreditava que a Terra era circundada por esferas feitas de cristal, como as camadas de uma cebola. Cada objeto celeste, a Lua, o Sol, os planetas e as estrelas, estava "grudado" na sua esfera. Quando as esferas giram, carregam os objetos celestes, causando os movimentos que vemos aqui da Terra.

3. No meu romance *A harmonia do mundo* (São Paulo: Companhia das Letras, 2006), conto a história da incrível vida de Kepler.

2. Universos imaginários

1. G. S. Kirk e J. E. Raven, *The Presocratic Philosophers: A Critical History with Selected Texts*, Cambridge: Cambridge University Press, 1957), doravante K&R nas notas adiante, seguido pelo número da página. Existe uma segunda edição, com coautoria de M. Schofield, mas eu usei aqui a primeira, presente de meu irmão Luiz, que carrego comigo pelo mundo desde a minha adolescência.
2. K&R, 131.
3. Para um exemplo técnico, veja S. Alexander, S. Cormack e M. Gleiser, "A Cyclic Universe Approach to Fine Tuning", *Physics Letters B* 757 (2016): 247-250.
4. K&R, 331.
5. K&R, 337.
6. K&R, 337.
7. K&R, 412.
8. Aécio, K&R, 410.
9. Por exemplo, prótons e nêutrons são formados por partículas ainda menores, os quarks "up" e "down".
10. Mary-Jane Rubenstein, *Worlds Without End: The Many Lives of the Multiverse* (Nova York: Columbia University Press, 2014), 2.
11. Epicuro, mencionado em Rubenstein, *Worlds Without End*, 251.
12. Se bem que, num tempo infinito esses mundos poderiam surgir, dado que tudo é possível quando se tem uma eternidade para se esperar.
13. Lucrécio, *A natureza das coisas* [*The Nature of Things*], Penguin Classics, trad. A. E. Stallings (Londres: Penguin Books, 2007): 5.218-222.
14. Stephen Greenblatt, *The Swerve: How the World Became Modern* (Nova York: W. W. Norton, 2012).
15. Lucrécio, *A natureza das coisas*, 5.238-240, 5.243-245.
16. Rubenstein, *Worlds Without End*, 54.
17. John Muir, *My First Summer in the Sierra* (Nova York: Penguin Books, 1987).
18. Isaac Newton, *Mathematical Principles of Natural Philosophy*, trad. I. Bernard Cohen e Anne Whitman (Berkeley: University of California Press, 1999), 943, 940.
19. Marcelo Gleiser, *Criação imperfeita: cosmo, vida e o código oculto da natureza* (Rio de Janeiro: Ed. Record, 2010).

20. Marcelo Gleiser, *A ilha do conhecimento: os limites da ciência e a busca por sentido* (Rio de Janeiro: Ed. Record, 2014).
21. Uma nota para os que querem se aprofundar mais: a justamente celebrada unificação das forças eletromagnética e nuclear fraca na chamada teoria eletrofraca não é uma verdadeira unificação. Isso porque, numa teoria que de fato unifica duas forças acima de determinada energia, deve existir apenas uma *constante de acoplamento* – o parâmetro que determina a intensidade da força – e apenas um grupo de simetria que representa a força unificada. Ou seja, as duas forças são, de fato, apenas uma. Entretanto, a teoria eletrofraca mantém as duas constantes de acoplamento e os dois grupos de simetria referentes a cada uma das forças. A "unificação" eletrofraca reflete o fato de que as partículas que transmitem a força fraca, os chamados *bósons de calibre*, se comportam como não tendo massa a energias altas, agindo, assim, de forma semelhante ao fóton, a partícula que transmite a força eletromagnética. Conceitualmente, esse tipo de unificação efetiva é diferente da chamada teoria de grande unificação, onde três forças (o eletromagnetismo e as forças nucleares fraca e forte) se reuniriam em apenas uma, com *uma* constante de acoplamento e um grupo de simetria. Infelizmente, desde que foi proposta em 1974, não foi encontrada qualquer evidência experimental a favor desse tipo de teoria de unificação.
22. A. Frank, M. Gleiser e E. Thompson, *The Blind Spot: Why Science Cannot Ignore Human Experience* (Cambridge MA: MIT Press, 2024).
23. A data de publicação de "Micrômegas" permanece desconhecida, mas é estimada em torno de 1752, na edição Kehl. Uma versão mais recente é: Voltaire, *Micromégas and Other Fictions* (Londres: Penguin Books, 2002). O conto está disponível online no Projeto Gutenberg.
24. Marcelo Gleiser, "Pseudostable Bubbles", *Physical Review D* 49 (1994): 2978. Esse é o artigo em que propus o nome *oscilon*.
25. Werner Heisenberg, *Physics and Philosophy: The Revolution in Modern Science* (Nova York: Penguin, 2000), 25.
26. Jorge Luis Borges, "Do rigor na ciência", https://poro.redezero.org/biblioteca/textos-referencias/do-rigor-na-ciencia-jorge-luis-borges/.
27. A. Aguirre e M. C. Johnson, "A Status Report on the Observability of Cosmic Bubble Collisions", *Reports of Progress in Physics* 74 (2011): 074901, https://arxiv.org/abs/0908.4105; M. Kleban, "Cosmic Bubble Collisions", *Classical and Quantum Gravity* 28 (2011): 204008, https://arxiv.org/abs/1107.2593.

28. "Esses assuntos, sendo muito extraordinários, requerem uma prova também extraordinária", Benjamin Bayly, *An Essay on Inspiration: In Two Parts* (1708; reprint Whitefish, MT: Kessinger, 2010).
29. Um artigo técnico: A. Ijjas e P. J. Steinhardt, "A New Kind of Cyclic Universe", *Physics Letters B* 795 (2019): 666–672, disponível em https://arxiv.org/pdf/1904.08022.pdf.
30. Abordei essa questão em um artigo recente em colaboração com Sara Vannah e Ian Stiehl, "An Informational Approach to Exoplanet Characterization", disponível em https://arxiv.org/abs/2206.13344.

PARTE II: MUNDOS DESCOBERTOS

3. A dessacralização da natureza

1. Ailton Krenak, *A vida não é útil* (São Pulo: Companhia das Letras, 2020).
2. É óbvio que, muitas culturas indígenas também se tornaram sociedades agrárias e vendem seus produtos. Mesmo assim, sua relação com a terra tem como base a sustentabilidade e o respeito, não a exploração e o descaso.
3. De acordo com estudos recentes – mesmo que controversos, por exemplo, o livro de David Graber e David Wengrow, *O despertar de tudo: uma nova história da humanidade* (São Paulo: Companhia das Letras, 2022) –, mesmo as comunidades de caçadores-coletores criaram diversos modelos de ordem social e controle hierárquico, alguns deles incorporados mais tarde nas sociedades agrárias. Para nós, o que importa é a transição de uma relação espiritual com a terra para uma relação objetificada e monetária.
4. Thomas Berry, *Evening Thoughts: Reflecting on Earth as a Sacred Community*, ed. Mary Evelyn Tucker (São Francisco: Sierra Club, 2006).
5. Caso contrário, por que Deus se manifestaria a Moisés como um arbusto em chamas mas que não é consumido pelo fogo, um ato claramente impossível no domínio terrestre?
6. De fato, Copérnico dedicou o seu livro ao papa Paulo III. Seus críticos mais agressivos foram os luteranos, como Andreas Osiander (ver Capítulo 1) e o próprio Martinho Lutero, que se referiu a Copérnico como "um novo astrólogo que quer provar que a Terra gira em torno do céu e não o contrário [...] o bobo quer virar a astronomia de cabeça para baixo". Citado em Noel Swerdlow e Otto Neugebauer, *Mathematical Astronomy in Copernicus "De Revolutionibus"*, 2 vols. (Nova York: Springer, 1984), vol. 1, 3.

7. Os detalhes dependem da posição e da velocidade (e suas direções) iniciais do objeto em movimento. Por exemplo, uma bala de canhão pode ser disparada orientando o canhão em ângulos diferentes e com diferentes velocidades, resultando em trajetórias parabólicas distintas. Mas a força é sempre a mesma, a atração gravitacional entre duas massas M1 (a massa da bala de canhão) e M2 (a massa da Terra). Ou, para um planeta em órbita, a sua massa e a massa da estrela.
8. Isaac Newton, *Principia: Os princípios matemáticos da filosofia natural*, trad. para o inglês de I. Bernard Cohen e Anne Whitman (Berkeley: University of California Press, 1999), 943.
9. Isaac Newton, "Quatro cartas para Richard Bentley", carta de 25 de fevereiro de 1692, *Newton,* eds. I. Bernard Cohen e Richard S. Westfall (Nova York: W. W. Norton, 1995), 336-337.
10. Isaac Newton, *Principia*, 942.
11. Isaac Newton, "Quatro cartas para Richard Bentley", carta de 10 de dezembro de 1692, *Newton,* eds. I. Bernard Cohen e Richard S. Westfall (Nova York: W. W. Norton, 1995), 332.
12. John Maynard Keynes, em "Address to the Royal Society Club" (1942), citado por Alan L. McKay, *Dicionário de citações científicas* (Londres: Institute of Physics Publishing, 1991), 140.

4. A busca por outros mundos

1. William Wordsworth, "Composto a umas poucas milhas sobre a abadia de Tintern, ao revisitar as margens do Wye durante um passeio – 13 de julho de 1798" [Lines Composed a Few Miles Above Tintern Abbey, on Revising the Banks of the Wye During a Tour. July 13th, 1798].
2. Robert Macfarlane, *Mountains of the Mind: Adventures in Reaching the Summit* (Nova York: Vintage, 2004), 157.
3. Isaac Newton, *Principia: Os princípios matemáticos da filosofia natural*, trad. para o inglês de I. Bernard Cohen e Anne Whitman (Berkeley: University of California Press, 1999), 938.
4. Wordsworth viveu em Somerset até 1798, quando se mudou (com Coleridge) para a região conhecida como Lake District, ainda mais remota.
5. Já em 128 a.C. o astrônomo grego Hiparco registrou observações de Urano, que adicionou em seu catálogo de estrelas.
6. J. L. E. Dreyer, *The Scientific Papers of Sir William Herschel* (Londres: Royal Society and Royal Astronomical Society, 1912), 1:100.

7. Citado em Edward S. Holden, *Sir William Herschel: His Life and Works* (Nova York: Charles Scribners's Sons, 1880), 85.
8. Telescópios refletores capturam e focam a luz emitida pelo objeto distante com um ou mais espelhos curvos. A luz é então dirigida a um pequeno visor ou para um instrumento de análise, como um espetroscópio. Isaac Newton inventou esse tipo de telescópio para evitar distorções nas imagens (conhecidas como aberração cromática) causadas pelas lentes de telescópios como o de Galileu, conhecido como telescópio refrator (com duas lentes).
9. Em meu livro *A ilha do conhecimento: os limites da ciência e a busca por sentido* (Rio de Janeiro: Ed. Record, 2014), ofereço uma análise detalhada dessa questão.
10. William Herschel, "On the Power of Penetrating into Space by Telescopes; with a comparative determination of the extent of that power in natural vision, and in telescopes of various sizes and constructions; illustrated by select observations", *Philosophical Transactions of the Royal Society* 90 (Dez. 1800): 49-85.
11. George Basalla, *Civilized Life in the Universe: Scientists on Intelligent Extraterrestrials* (Nova York: Oxford University Press, 2006).
12. Para chegar à Lua, Kepler usou mágica, o que poderia implicar a sua mãe que havia sido acusada de bruxaria e corria o risco de ser queimada na estaca. Ela escapou por pouco, graças à intervenção de seu ilustre filho, que arquitetou sua defesa legal. Para mais detalhes, ver meu romance *A harmonia do mundo* (São Paulo: Companhia das Letras, 2006), onde conto a história da vida e das aventuras de Kepler.
13. Christiaan Huygens, *Cosmotheoros: mundos celestes descobertos ou conjecturas sobre os habitantes, plantas e produções dos mundos planetários* (Londres: Timothy Childe, 1698). Disponível online.
14. Bernard Le Bovier de Fontenelle, *Conversations on the Plurality of Worlds*, trad. de H. A. Hargreaves (Los Angeles: University of California Press, 1990), 45.
15. Fontenelle, *Conversations*, 72.
16. Fontenelle, *Conversations*, 11.
17. Davor Krajnovic, "The Contrivance of Neptune", disponível em http://arxiv.org/ftp/arxiv/papers/1610/1610.06424.pdf. Esse artigo explora também a enorme controvérsia que se seguiu à descoberta de Netuno, debatida pela comunidade astronômica britânica. O consenso atual é que a descoberta deve ser atribuída a Le Verrier.

18. Em *The Blind Spot: Why Science Cannot Ignore Human Experience* (Cambridge, MA: MIT Press), meu novo livro escrito em coautoria com Adam Frank e Evan Thompson, examino em detalhe a importância essencial da experiência no processo de descoberta científico.
19. Eugene Wigner, "The Unreasonable Effectiveness of Mathematics in the Natural Sciences", *Communications in Pure and Applied Mathematics*, 13, n. 1 (Fev. 1960): 1-14.
20. A precessão da órbita de Mercúrio é de fato extremamente lenta, girando 5.557 segundos de arco por século (equivalente a 1,54 grau). Desse valor, 5.514 são devidos à atração gravitacional dos outros planetas, calculado usando a teoria de Newton. Os 43 segundos de arco extras para se chegar aos 5.557 era o que Le Verrier queria atribuir ao planeta hipotético Vulcan e que Einstein explicou com sua nova teoria da gravidade, conhecida como a teoria geral da relatividade, indo além da teoria de Newton. (Vale lembrar que 1 segundo de arco é igual à fração 1/3.600 de um grau – um ângulo muito pequeno, mas mensurável pelos astrônomos da época.)
21. Thomas Levenson, *The Hunt for Vulcan: ...And How Albert Einstein Destroyed a Planet, Discovered Relativity, and Deciphered the Universe* (Nova York: Random House, 2016).
22. Como a luz das estrelas é visível aqui na Terra, o éter deveria ser perfeitamente transparente. Não podia, também, oferecer qualquer fricção ou causaria instabilidades nas órbitas de planetas e cometas. Ademais, tinha que ser bastante rígido para sustentar a propagação de ondas de altíssima velocidade, a 300 mil quilômetros por segundo. Sem dúvida, um meio material mágico que, como aprendemos com Einstein, não existe.
23. H. G. Wells, *The War of the Worlds*. Dover Publications, 1997. Tradução livre do autor.
24. Quando concluir a sua missão, a sonda *Perseverance* terá coletado 43 amostras do solo marciano para serem transportadas de volta à Terra. Esse projeto de pesquisa, conhecido como Programa de Retorno de Amostras Marcianas, envolve várias espaçonaves e missões, além de dezenas de agências governamentais, sendo um feito tecnológico tão ambicioso quanto espetacular. Se tudo correr bem, as amostras chegarão na Terra no início da década de 2030.
25. Para os curiosos, recomendo o livro *Chasing New Horizons: Inside the Epic First Mission to Pluto* (Nova York: Picador, 2018), escrito pelo líder da missão Alkan Stern e o astrobiólogo e autor David Grinspoon.

26. A palavra "mundo" é usada com frequência em astronomia e na cultura popular. Eu uso a palavra "mundos" para designar todos os objetos celestes com massa grande o suficiente para que sua gravidade possa manter criaturas pequenas na sua superfície. (Obviamente, não estrelas.) Na prática, isso significa que mundos são objetos com uma velocidade de escape relativamente grande, em que a velocidade de escape é a velocidade necessária para lançar um objeto da superfície ao espaço. Para os que têm interesse na matemática, a velocidade de escape de um mundo esférico com massa M (em quilogramas) e raio R (em metros) é $Ve = 4.2 \times 10^{-5} (M/R)^{1/2}$ km/h. Por exemplo, o planeta anão Ceres tem uma massa que é 1,3% da massa da Lua e um raio de 469,73 quilômetros, o que resulta numa velocidade de escape de 1.890 km/h, em torno de 1,5 vez da velocidade do som.
27. O leitor pode visualizar a zona de habitabilidade como sendo uma camada esférica em torno da estrela, como as camadas concêntricas que vemos numa cebola.
28. A nível de comparação, Titã é maior do que Mercúrio e a nossa Lua.
29. A lua Tétis é tingida de uma cor azulada devido ao material que cai do anel, enquanto as luas troianas Telesto, Calipso, Helena e Polideuces têm superfícies lisas devido aos materiais acumulados ao cruzarem o plano dos anéis em suas órbitas.
30. Para citar alguns de meus preferidos: Adam Frank, *Light from the Stars: Alien Worlds and the Fate of the Earth* (Nova York: W. W. Norton, 2019); David Grinspoon, *Lonely Planets: The Natural Philosophy of Alien Life* (Nova York: Ecco, 2004); Paul Davies, *The Eerie Silence: Renewing Our Search for Alien Intelligence* (Nova York: Houghton Mifflin Harcourt, 2010); John Gribbin, *Alone in the Universe: Why Our Planet is Unique* (Nova York: Wiley, 2011); e Caleb Scharf, *The Copernicus Complex: Our Cosmic Significance in a Universe of Planets and Probabilities* (Nova York: Farrar, Straus and Giroux, 2014).
31. Objetos conhecidos como "anãs marrons", com massas entre 13 e 80 vezes a massa de Júpiter, são subestelares, ou seja, não têm massa suficiente para iniciar a fusão nuclear. De certa forma, esses objetos são estrelas que falharam
32. Só para confundir as pessoas, físicos usam "azul" para quente e "vermelho" para frio, o oposto do que costumamos fazer para indicar temperaturas mais altas ou mais baixas. Essa escolha vem das cores do arco-íris, que é feito de luz de vários *comprimentos de onda* diferentes. (Para visualizar um comprimento de onda, imagine que você joga uma

pedra num lago. Você verá ondas concêntricas se propagando para além do ponto de impacto. A distância entre duas ondas adjacentes é o comprimento de onda.) Ondas de luz na parte azul do espectro têm comprimentos de onda menores e transportam mais energia do que as ondas na parte vermelha do espectro. Essa energia pode ser associada com a temperatura, daí a conexão usada na física do azul com mais quente. Isso também inclui radiação que é invisível ao olho humano, como a infravermelha ou ultravioleta. Mesmo que a energia associada com uma onda eletromagnética seja proporcional ao quadrado da intensidade dos campos elétrico e magnéticos num volume de espaço, quando descrevemos a interação da luz com átomos e partículas subatômicas nos referimos à energia associada aos *fótons*, as partículas identificadas com as "partículas de luz", que correspondem ao comprimento de onda da luz com a seguinte fórmula: $E = h\ c/L$, onde E é a energia, h é a constante de Planck, c é a velocidade da luz, e L é o comprimento de onda da luz. Como h e c são constantes da natureza (seu valor não muda), quanto menor o valor de L (comprimento de onda), maior a energia transportada pelos fótons.

33. Os leitores que querem se aprofundar na ciência da astrobiologia mas não têm o preparo matemático podem checar alguns dos excelentes livros sobre o assunto. O meu favorito é *Life in the Universe*, por Jeffrey Bennett e Seth Shostak (Boston: Pearson, 2017).
34. Christopher P. McKay, "Requirements and Limits for Life in the Contest of Exoplanets", *Proceedings of the National Academy of Sciences (PNAS)* 111, n.35 (214): 12.628-12.633.
35. Não temos um consenso na comunidade científica sobre quando a vida se firmou na Terra. As estimativas variam entre 4 e 3,5 bilhões de anos atrás. A dificuldade é que quanto mais no passado, mais difícil, ou impossível, é obter fósseis nas rochas. Determinar que uma pedra com 4 bilhões de anos carrega sinais de vida depende de interpretações extremamente complexas dos compostos químicos encontrados, que podem ou não ser derivados de atividade metabólica primitiva na infância terrestre. Sabemos que a vida estava já presente aqui há 3,5 bilhões de anos, em torno de 1 bilhão de anos após a formação da Terra. De qualquer forma, num planeta como o nosso, podemos afirmar que a vida leva ao menos algumas centenas de milhões de anos para se formar. Isso nos fornece uma estimativa de que tipos de estrela podem comportar planetas com vida. As do tipo O e B, as mais pesadas e que vivem menos, essencial-

mente não são boas candidatas, e as do tipo A são difíceis de estimar no momento, mas pouco prováveis.
36. Isso não significa que não existam já algumas imagens desses mundos distantes. Podemos ver exoplanetas se formando em torno de estrelas que estão ainda nascendo, por exemplo, usando o Very Large Telescope do European Southern Observatory. Mas o nível de detalhe é ainda insuficiente para uma análise detalhada das propriedades dos exoplanetas. (O leitor interessado pode achar imagens obtidas pelo Telescópio Espacial Hubble em vários websites, digitando num site de busca, por exemplo, "Hubble Gallery".)
37. Como mencionado antes, o que é medido é a componente da velocidade na direção "radial", isto é, na direção do telescópio.
38. David Charbonneau, Timothy M. Brown, David W. Latham e Michel Mayor, "Detection of Planetary Transits Across a Sun-like Star", *Astrophysical Journal* 529, n. 1 (2000): L45-48.
39. Os leitores que querem dados atualizados podem consultar o seguinte website: https://exoplanets.nasa.gov.
40. Mercúrio tem o que chamamos de ressonância 3:2, o que significa que gira em torno de seu eixo uma volta e meia a cada órbita que completa em torno do Sol. Como Mercúrio leva 88 dias para completar sua órbita solar, um "dia" em Mercúrio dura 176 dias terrestres.
41. *Terra 2.0* é o nome da missão chinesa que pretende encontrar planetas com massa e raio como os da Terra em órbitas com duração de um ano em torno de estrelas do tipo G – ou seja, o mais próximo que podemos buscar por mundos com propriedades astronômicas como o nosso. A missão tem data de lançamento para 2026. E mal posso esperar pelos seus resultados.

5. Buscando por vida em outros mundos

1. Arthur C. Clarke, "Hazard of Prophecy: The Failure of Imagination", em *Profiles of the Future: An Inquiry into the Limits of the Possible*, rev. ed. (Nova York: Harper & Row, 1973), 36.
2. Arthur C. Clarke, *2001: uma odisseia no espaço* (São Paulo: Ed. Aleph, 2013).
3. Erich von Däniken, *Eram os deuses astronautas?* (São Paulo: Ed. Melhoramentos, 2011).
4. Carl Sagan, prefácio para *The Space Gods Revealed: A Close Look at the Theories of Erich von Däniken*, por Robert Story, 2.a ed. (Nova York: Barnes & Noble, 1980), xiii.

5. Clarke e Kubrick colaboraram no livro, mesmo que apenas Clarke seja anunciado como autor. Talvez porque Clarke já havia publicado muitas das ideias encontradas no livro em contos que escreveu a partir do início da década de 1950.
6. Para os curiosos: as linhas espectrais estão relacionadas com níveis específicos de energia dos átomos e das moléculas. De acordo com a física quântica, os elétrons podem apenas circular em torno do núcleo atômico em órbitas únicas, como os degraus de uma escada. Quando os elétrons "pulam" de uma órbita para a outra (mais ou menos como pulamos entre degraus), eles absorvem (se sobem para órbitas mais distantes do núcleo) ou emitem (se descem para órbitas mais próximas do núcleo) fótons de luz que têm energia igual à diferença de energia entre as órbitas. No caso das moléculas, a grande diversidade de linhas espectrais está relacionada com os possíveis movimentos de vibração e rotação que podem ser iniciados quando fótons são emitidos ou absorvidos, também com energias específicas (ou quantizadas). Em certos casos, essas energias podem coincidir, e os espectros têm linhas em comum, o que chamamos de linhas "degeneradas". Mesmo que isso dificulte um pouco a identificação de certos compostos, quando temos várias linhas relacionadas com o mesmo composto químico, em geral é possível resolver essa degenerescência e achar os compostos responsáveis.

PARTE III: O DESPERTAR DO UNIVERSO

6. O mistério da vida

1. Svante Arrhenius, *Worlds in the Making: The Evolution of the Universe* (Nova York: Harper & Row, 1908); I. S. Shklovskii e Carl Sagan, *Intelligent Life in the Universe* (Nova York: Dell, 1966); F. H. Crick e L. E. Orgel, "Directed Panspermia", *Icarus* 19, n. 3 (1973): 341-346.
2. A ideia de "tartarugas daqui para baixo" parece ter sua origem em um mito hindu, pelo que sabemos mencionado na Europa pela primeira vez no final do século XVI numa carta do jesuíta Emanuel da Veiga: "Outros dizem que a Terra tem nove cantos que sustentam os céus. Os que discordam sugerem que a Terra é sustentada por sete elefantes e que os elefantes não afundam porque estão sobre uma tartaruga. Quando se pergunta quem suporta o corpo da tartaruga de modo que não afunde, eles dizem que não sabem." A narrativa mítica ilustra claramente a noção da regressão ao infinito, uma sequência de causas que não têm um fim,

dado que cada passo depende do passo anterior. Mesmo que essa ideia tenha sido usada para descrever a natureza do cosmo – o que sustenta o mundo? –, podemos ver como tentativas de descrever um evento que surge abruptamente sem uma causa anterior, tal como a origem do universo, acabam caindo na mesma armadilha lógica. Para uma referência do século XX, ver Jarl Charpentier, "A Treatise on Hindu Cosmography from the Seventeenth Century (Brit. Mus. MS. Sloane 2748ª)", *Bulletin of the School of Oriental and African Studies* 3, n. 2 (1924): 317-342.

3. A. Frank, M. Gleiser e E. Thompson, *The Blind Spot: Why Science Cannot Ignore Human Experience* (Cambridge, MA: MIT Press, 2024).

4. Leitores que conhecem os desafios que existem na intepretação da física quântica provavelmente irão reconhecer o paralelo com o "cale-se e calcule!" (*Shut up and calculate*) usado para evitar especulações filosóficas sobre o significado da teoria.

5. L. E. Orgel, *The Origins of Life: Molecules and Natural Selection* (Londres: Chapman & Hall, 1973); Robert Alberts, Alexander Johnson, Julian Lewis, Martin Raff, Keith Roberts e Peter Walter, *Molecular Biology of the Cell*, 5.a. ed. (Nova York: Garland Science, 2002).

6. Peter Ward e Joe Kirschvink, *A New History of Life: The Radical New Discoveries About the Origin and Evolution of Life on Earth* (Nova York: Bloomsbury, 2015), 35.

7. Os experimentos de Gerald Joyce e seu grupo vêm contribuindo muito para o estudo da teoria da evolução bioquímica ao nível molecular: K. F. Tjhung, M. N. Shokirev, D. P. Horning e G. F. Joyce, "An RNA Polymerase Ribozyme That Syntesizes Its Own Acestor", *Proceedings of the National Academy of Sciences* (PNAS) 117, n. 6 (2020): 2906-2913, https://doi.org/10.1073/pnas.1914282117.

8. Este artigo resumindo a pesquisa atual sobre a origem da vida explica esse ponto claramente: Adam Mann, "Making Headway with the Mystery's of Life's Origins", *PNAS* 118, n. 16 (2021):e2105383118, https://doi.org/10.1073/pnas.2105383118.

9. Carol Cleland e Christopher Chyba, "Does 'Life' Have a Definition?", em *The Nature of Life: Classical and Contemporary Perspectives from Philosophy and Science*, eds. Mark A. Bedau e Carol E. Cleland (Cambridge: Cambridge University Press, 2010), 326.

10. Laboratory for Agnostic Biosignatures: https://www.agnosticbiosignatures.org/.

11. Paul Davies, *The Fifth Miracle: The Search for the Origin and Meaning of Life* (Nova York: Penguin, 1998), 260.

12. P. W. Anderson, "More Is Different: Broken Symmetry and the Nature of the Hierarchical Structure of Science", *Science* 117, n. 4047 (1972): 393-396.
13. Ernst Mayr, *This is Biology: The Science of the Living World* (Cambridge, MA: Harvard University Press, 1997), 37.
14. Stuart A. Kauffman, *Humanity in a Creative Universe* (Oxford: Oxford University Press, 2016), 3.
15. Francis Bacon, *O novum organum*. Veja, por exemplo, SirBacon.org: http://www.sirbacon.org/links/4idols.htm.
16. Francisco J. Varela, "The Creative Circle: Sketches on the Natural History of Circularity", em *The Invented Reality*, ed. Paul Watzlavick (Nova York: W. W. Norton, 1984), 2, 3.
17. Cientistas definem como planetas terrestres aqueles com um diâmetro entre 0,5 e 1,5 do da Terra, enquanto estrelas como o Sol têm uma temperatura na sua superfície entre 4.527 e 6.027 graus centígrados. Como vimos na Parte II, é difícil definir zonas de habitabilidade, dado que são sujeitas a variações e sutilezas diversas. Por exemplo, o planeta Vênus está um pouquinho fora da zona de habitabilidade do Sol, mas tem um ambiente que torna a existência de vida ali bastante improvável; o mesmo ocorre com Marte, se bem que é possível que a vida tenha existido lá 3 bilhões de anos atrás ou, menos provável, que exista ainda no subsolo. Essas variações locais comprometem a eficácia de definirmos zonas de habitabilidade para apontar mundos que possam abrigar a vida. Vimos que pode haver oceanos soterrados sob camadas de gelo, como na lua Europa, ou mundos onde a vida existiu no passado ou poderá ainda surgir no futuro. O conceito de zona de habitabilidade é apenas uma ideia sugestiva que nos auxilia a pensar sobre ambientes onde a vida pode existir, não devendo ser considerado como definitivo nessa busca. Veja, por exemplo, Steve Bryson, Michelle Kunimoto, Ravi K. Kopparapu *et al.*, "The Occurrence of Rocky Habitable Zone Planets Around Solar-Like Stars from Kepler Data", 5 nov. 2020, https://arxiv.org/pdf/2010.14812.pdf.
18. J. Richard Gott III, "Implications of the Copernican Principle for Our Future Prospects", *Nature* 363 (1993): 315-319.
19. Peter Ward e Donald Brownlee, *Rare Earth: Why Complex Life Is Uncommon in the Universe* (Nova York: Copernicus Books, 2000).
20. É essencial entender que a vida não tem um "plano" para evoluir de simples a complexa, como se esse fosse o seu objetivo, o que chamamos de uma necessidade teleológica. O processo evolucionário ocorre devido

a mutações genéticas aliadas a mudanças ambientais que selecionam os seres mais bem adaptados. Tanto essas mutações genéticas quanto as mudanças ambientais são aleatórias.

21. Elizabeth Kolbert, *A Sexta Extinção: uma história não natural* (São Paulo: Ed. Intrínseca, 2015).
22. Peter Ward e Joe Kirschvink, *A New History of Life: The Radical New Discoveries About the Origins and Evolution of Life on Earth* (Nova York: Bloomsbury Press, 2015).
23. Marcelo Gleiser, *Criação imperfeita: cosmo, vida e o código oculto da natureza* (Rio de Janeiro: Ed. Record, 2010).
24. Lembrando que as células procariotas possuem o material genético livre em seu interior e não apresentam organelas especializadas, enquanto as células eucariotas (das quais nós somos feitos) têm o seu material genético dentro de um núcleo e organelas como mitocôndrias em seu interior.
25. Para uma versão das ideias de Margulis dirigida ao público, veja Dorion Sagan e Lynn Margulis, *Microcosmos: Four Billion Years of Microbial Evolution* (Berkeley: University of California Press, 1997).
26. Paul Davies, *The Eerie Silence: Renewing Our Search for Extraterrestrial Intelligence* (Nova York: Houghton Mifflin Harcourt, 2010).

7. Lições de um planeta vivo

1. A história de como essas bactérias surgiram e transformaram o planeta é absolutamente fascinante, mas não precisamos dos detalhes aqui. Se o leitor tiver interesse, sugiro o livro de Peter Ward e Joe Kirschvink já mencionado, *A New History of Life: The Radical New Discoveries About the Origins and Evolution of Life on Earth* (Nova York: Bloomsbury Press, 2015), cap. 5.
2. Conto essa história em detalhe em meu livro *O fim da terra e do céu: o apocalipse na ciência e na religião* (São Paulo: Companhia das Letras, 2001).
3. A menos, claro, se a nossa inteligência tiver sido semeada aqui por outras inteligências, o que, talvez, um dia nós ou os nossos descendentes transumanos farão se algum dia chegarmos a colonizar Marte ou outros mundos. Mas ainda assim chegamos sempre na mesma pergunta essencial: E de onde veio essa inteligência que nos precedeu?
4. Marcelo Gleiser, "From Cosmos to Intelligent Life: The Four Ages of Astrobiology", *International Journal of Astrobiology* 11, n. 4 (2012): 345-350.

5. Existe bastante confusão com relação ao poder de modelos de prover soluções definitivas a questões científicas. Alguns têm muito sucesso, oferecendo descrições precisas de fenômenos observados, sendo mesmo capazes de prever novos efeitos ainda não observados. O problema começa quando modelos são confundidos com a realidade que tentam descrever, o que o filósofo e matemático Edmund Husserl chamou de *substituição sub-reptícia*. Modelos são como os mapas de um território: eles simplificam para serem úteis. Como todo mapa, modelos científicos são construídos a partir de uma estrutura conceitual que lhes dá sentido. (Um mapa só faz sentido se entendermos o que os seus símbolos representam.) Vemos isso, por exemplo, nos modelos usados para descrever um período hipotético de expansão acelerada que pode ter ocorrido no universo primordial conhecido como inflação cosmológica. Esses modelos usam um campo escalar chamado "inflaton" com interações descritas por uma energia potencial. Os detalhes não são importantes. Mas essas perguntas são: De onde vem esse campo escalar? E o potencial descrevendo como o campo interage consigo mesmo e, talvez, com outros campos? Possivelmente, dizem os físicos trabalhando nessa área (e eu já trabalhei muito nisso), de outra camada mais fundamental de descrição da natureza, oriunda, talvez, das teorias de supercordas. Mas de onde vêm essas supercordas? A resposta dada em geral é que "elas são fundamentais", o que significa que não vêm de nada mais fundamental do que elas: são propostas como sendo o substrato mais elementar da realidade física. Mas é claro que, não temos qualquer razão para supor que isso seja verdade, dado que as próprias teorias descrevendo as supercordas são formuladas em um espaço-tempo específico (em geral com 9 ou 10 dimensões espaciais) e usando uma "constante de tensão das cordas" que, em princípio, deve ter vindo de algum lugar. Esse "algum lugar" ocupa a lacuna conceitual da Primeira Causa, de onde físicos necessariamente derivam todos os modelos da origem do universo, com ou sem supercordas.
6. Esses são os núcleos dos átomos de hidrogênio, hélio e lítio, os três primeiros elementos da tabela periódica, com um, dois e três prótons, respectivamente. Os isótopos são variações dos elementos químicos com números de nêutrons diferentes em seus núcleos. Por exemplo, o deutério é um isótopo de hidrogênio com um próton e um nêutron em seu núcleo, enquanto o hélio-3 é um isótopo do hélio com dois prótons e um nêutron em seu núcleo.

7. Para um excelente resumo do conhecimento atual sobre o desenvolvimento evolucionário da nossa espécie, sugiro o livro de Jeremy DeSilva, *First Steps: How Upright Walking Made Us Human* (Nova York: HarperCollins, 2021).
8. Como mencionei antes, definir quais animais são capazes de uma cognição mais sofisticada (ou mesmo tentar definir onde fica a divisão entre uma cognição primitiva e uma avançada) não é muito produtivo, dadas as lacunas no registro fóssil. Portanto, adoto uma abordagem mais pragmática e conecto o nível de cognição necessário para o meu argumento com o surgimento da arte figurativa. Não sabemos (ou mesmo podemos saber) exatamente quando isso ocorreu, mas a evidência atual indica que há 52 mil anos nossos antepassados humanos já representavam certos aspectos de sua realidade em pinturas rupestres. Veja, por exemplo, Maxime Aubert, Rustan Lebe, Adhi Agus Oktaviana et al., "Earliest Hunting Scene in Prehistoric Art", *Nature* 576 (2019): 442-445.
9. Barbara C. Sproul, *Primal Myths: Creation Myths Around the World* (Nova York: HarperCollins, 1991).
10. Em meu livro *A dança do universo: dos mitos de criação ao Big Bang* (São Paulo: Companhia das Letras, 1997), apresento uma análise detalhada dos mitos de criação de várias culturas, contrastando ideias míticas sobre a Primeira Causa com as teorias da cosmologia moderna.
11. Albert Einstein, em *The Quotable Einstein,* ed. Alice Calaprice (Princeton: Princeton University Press, 1996), 158-159.

PARTE IV: O UNIVERSO CONSCIENTE

8. Biocentrismo

1. Lembre-se de que *anima* em latim significa alma.
2. Thomas Berry, *Evening Thoughts: Reflecting on Earth as a Sacred Community,* ed. Mary Evelyn Tucker (São Francisco: Sierra Club, 2006), 40. Grifo do original.

9. Um manifesto para o futuro da humanidade

1. *A bíblia de Jerusalém* (São Paulo: Sociedade Bíblica Católica Internacional e Paulus, 2000). Grifo nosso.
2. *Simone Weil: An Anthology,* ed. Siân Miles (Nova York: Grove Press, 2000).

Este livro foi composto na tipografia ITC Officina
Sans em corpo 11/16, e impresso em
papel off-white no Sistema Cameron da
Divisão Gráfica da Distribuidora Record.